KFZ UND PANZER DER ACHSENMÄCHTE 1939–1945

Gabriele Faggioni

Motor buch Verlag

Einbandgestaltung: Luis dos Santos

Bildnachweis: Sofern nicht anders vermerkt stammen die Bilder vom Autor bzw. aus dessen Archiv. Bilder von SA Kuva sind lizensiert unter CC-BY-4.0.

ISBN 978-3-613-04278-0

1. Auflage 2021

Sie finden uns im Internet unter www.motorbuch-verlag.de

Lektorat: Joachim Köster
Innengestaltung: WS – WerbeService Linke, 76185 Karlsruhe
Druck und Bindung: Conzella, 85609 Aschheim-Dornach
Printed in Germany

Inhalt

In Rom ausgestellter M 13/40-Kampfpanzer. (Foto: kaminsky, © CC-BY-SA 3.0)

Vorwort

Zu den auch noch 75 Jahre nach Ende des Zweiten Weltkrieges wenig bekannten Themen gehört der Einsatz gepanzerter Truppen von Staaten, die mit dem Deutschen Reich verbündet waren wie Italien, Finnland, Rumänien, Bulgarien, Ungarn und Kroatien. Das vorliegende Buch soll einen Überblick über diesen interessanten Themenbereich geben und die gepanzerten Fahrzeuge und Panzerkampfwagen oben genannter Länder von ihrer Konzeption bis zu ihrem Einsatz auf den Schlachtfeldern beschreiben. Es wurde darauf geachtet, dass die Texte aus technischer und historischer Sicht so genau wie möglich sind. Illustriert wird dieser Band von über 200 Fotos und Zeichnungen, die ich nach langwierigen Recherchen zusammentragen konnte. Ich danke allen Personen, die mich bei der Beschaffung dieses Fotomaterials freundlicherweise unterstützt haben.

Gabriele Faggioni

Ein Sturmgeschütz mit 90/53, das von der Wehrmacht verwendet wurde und aus italienischer Produktion stammte, fotografiert in Norditalien im Dezember 1944 (Bild der NS-Propaganda).

Einführung

Um die historischen Ereignisse und die militärischen Ausrüstungen, von denen in diesem Buch berichtet wird, besser verstehen zu können, widme ich mich zunächst der Zeit zwischen den beiden Weltkriegen. Eine der Folgen des Ersten Weltkriegs war die neue geopolitische Ordnung in den Ländern Mittel- und Osteuropas nach dem Zusammenbruch der Zarenmonarchie, des Deutschen und des Österreich-Ungarischen Reiches, die zu einer neuen, oft schwer verständlichen politischen Lage führte. Die große Veränderung schien zu sein, dass die nationale Selbstbestimmung der verschiedenen Völker dem Aufkommen demokratischer Strukturen innerhalb der neuen Einzelstaaten und der Etablierung kooperativer Beziehungen zwischen ihnen vorausgehen könnte. Die Realität war jedoch ganz anders, sie war geprägt von den Schwierigkeiten, die sich aus dem multiethnischen Charakter der neuen Staaten, aus dem Revanchismus- und Rachewillen der im Krieg Besiegten, aus der Schwäche der liberalen und demokratischen Traditionen, aus der Rückständigkeit der Wirtschaften und aus den bitteren Klassenkonflikten ergaben. Die revolutionäre kommunistische Propaganda schürte eine weit verbreitete Unzufriedenheit in der Bevölkerung und verschärfte die sozialen Spannungen, die oft zu gewalttätigen Konflikten führten.

Der einzige Staat in Mittel- und Osteuropa, in dem eine parlamentarische Demokratie errichtet wurde, war dank Präsident Tomas Masaryk (1850–1937) die **Tschechoslowakei**. Dieser neue Staat umfasste zur einen Hälfte Tschechen und Slowaken mit ihren unterschiedlichen Religionen und Traditionen, zur anderen Hälfte diverse ethnische Gruppierungen wie Deutsche, Ungarn, Ukrainer und Polen, die eine Wiedervereinigung mit ihren jeweiligen Nationalstaaten anstrebten.

Ein weiterer aus dem Krieg hervorgegangener Staat war **Finnland**, dessen Unabhängigkeit von Russland im Januar 1918 von der Sowjetregierung anerkannt wurde. Auf die Ausrufung der Republik im Jahr 1919 folgte eine Periode innenpolitischer Kämpfe, die 1931 mit der Bildung einer konservativen Regierung endete. Diese verbot die Kommunistische Partei und führte notwendige Reformen durch, darunter z.B. Agrarreformen zugunsten der Kleinbauern.

Unter der Regierung von Graf Mihaly Karolyi von Nagykaroli (1875-1955) wurde im November 1918 die **Republik Ungarn** gegründet. Karolyi wollte die Integrität des Staatsgebietes bewahren und dringend notwendige soziale Reformen einleiten. Die Forderungen der ethnischen Minderheiten und die Radikalisierung der sozialen Konflikte führten zum Rücktritt der Regierung. Am 21. März 1919 übernahm eine linke Junta unter der Führung des Kommunisten Béla Kun (1886-1938) die Macht. Diese neue Regierung schlug die Verstaatlichung von Banken sowie von Handels- und Industrieunternehmen mit mehr als zwanzig Beschäftigten vor.

Im Einvernehmen mit Frankreich und Großbritannien drangen rumänische und tschechoslowakische Truppen in das Land ein, um die konterrevolutionäre Armee von Admiral Miclós Horthy (1868-1957) zu unterstützen, die es schaffte, die Regierungstruppen zu besiegen. Nach seinem Einzug in Budapest kam Horthy selbst als Regent an die Macht und setzte ein streng konservatives Regime durch, welches die politischen und gewerkschaftlichen Freiheitsrechte unterdrückte. In der Außenpolitik verfolgte er einen nationalistischen Ansatz, um die an die Nachbarstaaten abgetretenen Gebiete wiederzugewinnen.

Im neuen Königreich **Jugoslawien** unter Alexander I. aus der serbischen Karagjeorgjevic-Dynastie wurden die Stabilität des Staates und der nationale Zusammenhalt durch ethnische Gegensätze zwischen Kroaten und Serben sowie soziale Konflikte auf dem Land untergraben. Auch die von Ante Pavelic (1889-1945) gegründete kroatische Separatisten-Bewegung der Ustascha lehnte mit gewaltsamen Mitteln den Zentralismus des jugoslawischen Staates und die Dominanz der Serben in ihm ab. Unterstützt von Italien und Ungarn, führten die kroatischen Separatisten Terroranschläge durch, denen auch König Alexander I. 1934 zum Opfer fiel.

Die politische Situation in **Bulgarien** blieb viele Jahre lang sehr turbulent und war dominiert von der Präsenz einer großen kommunistischen Partei einerseits sowie einer kämpferischen Bauernpartei andererseits. Dessen Führer, Aleksandar Stambolijski (1879-1923), leitete als Ministerpräsident die Regierung, führte aber bis 1923 eine Diktatur ein. Schließlich wurde er in einem Militärputsch abgesetzt und von einer konservativen Regierung ersetzt. 1934 errichtete Zar Boris III. nach einem erneuten Staatsstreich eine Diktatur. Das im Ersten Weltkrieg besiegte Bulgarien verfolgte in der Außenpolitik eine revisionistische Linie in Bezug auf den Inhalt des Friedensvertrags.

Rumänien war das Balkanland, in dem sich das parlamentarische Regierungssystem als widerstandsfähiger erwies, auch dank seiner besseren wirtschaftlichen Lage, die den Ölressourcen des Landes zu verdanken war. Die liberalen Institutionen standen im Spannungsfeld zwischen der rumänischen Bevölkerungsmehrheit und den Minderheiten im Land, die zusammen etwa 30% der Bevölkerung ausmachten und aus den Magyaren in Siebenbürgen, den Russen in Bessarabien und Juden bestanden.

1926 entstand die faschistische Bewegung »Legion of the

Archangel Michael« oder »Iron Guard« unter der Führung von Corneliu Zelea Codreanu (1899-1938), die die konservative Regierung zu unterdrücken versuchte. In den 1930er Jahren etablierte König Carol II. unter seiner direkten Kontrolle ein autoritäres Regime.

Die Entscheidung Italiens, in den Krieg einzugreifen, wurde gegen die öffentliche Meinung in Italien und die Mehrheit im italienischen Parlament getroffen, und führte deshalb nach dem Krieg zu einer schweren Regierungskrise. Die Arbeiterklasse verlangte sowohl wirtschaftliche Verbesserungen als auch mehr Mitsprache in den Fabriken. Auch die Bauern im Süden erwarteten eine breite Umverteilungsreform des Landes und forderten von der Regierung die Umsetzung ihrer während des Krieges gemachten Versprechen.

Benito Mussolini nutzte diese Situation zur Gründung seiner faschistischen Partei. Der Marsch nach Rom, am 28. Oktober 1922, führte jedoch noch nicht zur Erlangung der Macht, sondern markierte erst seinen Weg dahin. Während Sozialisten und Kommunisten sich sofort auf die Seite der Opposition stellten, gingen viele Vertreter der alten liberalen politischen Klasse davon aus, dass sie den Aufstieg des Faschismus an die Macht kontrollieren konnten. Im Dezember 1922 wurde der »Große Faschistische Rat« gegründet. Er hatte die Aufgabe, die Leitlinien der faschistischen Politik durchzusetzen und sollte als Bindeglied zwischen der Partei und der Regierung fungieren.

Das Verschwinden und die Ermordung von Matteotti lösten im Land heftige Proteste aus, die sich gegen die faschistische Bewegung richteten. Dennoch gelang es Mussolini am 3. Januar 1925, mit seiner Rede das autoritäre Regime entscheidend zu stärken. In dieser Rede zeigte der Faschismus sein wahres Gesicht.

Das Hitler-Regime begann in der zweiten Hälfte der 1930er Jahre eine expansionistische Außenpolitik in Mittel- und Osteuropa. Im März 1936 verurteilte Hitler die Ratifizierung des französisch-sowjetischen Pakts und nutzte ihn als Vorwand für die militärische Besetzung des Rheinlandes.

Am 1. November 1936 kündigten Deutschland und Italien die Schaffung der Achse Rom-Berlin an. Der Wirtschaftspakt initiierte die erste konkrete Annäherung zwischen den beiden Ländern, zwischen denen zuvor die österreichische Frage gestanden war. Am 25. November 1936 unterzeichneten Deutschland und Japan den Antikominternpakt, dem auch Italien am 6. November 1937 beitrat.

In der Nacht vom 11. auf den 12. März 1938 überschritt die Wehrmacht die österreichische Grenze und riss in den folgenden Stunden die Kontrolle über das Land an sich. Der Anschluss Österreichs an das nationalsozialistische Deutschland war der Beginn einer Reihe von Umbrüchen in der europäischen Geopolitik. Weniger als eineinhalb Jahre später führte dies nach einer Folge schneller Eskalationen zum Ausbruch des Zweiten Weltkriegs.

Unter dem Vorwand der Befreiung der deutschsprachigen Bevölkerung hatte im Laufe des Jahres 1938 Hitler die Spannungen weiter erhöht, bis hin zur offenen Androhung des Einmarsches der Wehrmacht in die Tschechoslowakei. Auf der Münchner Konferenz im Jahr 1938 gelang es Großbritannien und Frankreich in letzter Minute unter Vermittlung Mussolinis, Hitler zum Gewaltverzicht zu bewegen; die tschechoslowakische Regierung akzeptierte notgedrungen die Annexion des Sudetenlandes an das Deutsche Reich.

Am 15. März 1939 besetzte die Wehrmacht die Tschechoslowakei, fast ohne einen Schuss abzugeben. In der Nacht zuvor war der Präsident des Landes von Hitler als Geisel genommen worden. Er war gezwungen, die Kapitulation des Landes zu unterzeichnen. Den Deutschen fiel eine enorme Menge an Rüstungsgütern und wertvolle Devisenreserven in die Hände, die für den Kauf von Rohstoffen auf den internationalen Märkten notwendig waren. Es war der letzte unblutige Sieg des deutschen Diktators. Ebenfalls im März 1939 wurde die gesamte Tschechoslowakei als Protektorat Böhmen und Mähren dem Deutschen Reich einverleibt. Im selben Monat besetzten die Deutschen zudem Memel in Litauen.

Am 22. Mai 1939, nach der Münchner Konferenz und der italienischen Besetzung Albaniens, unterzeichneten Deutschland und Italien den Stahlpakt, der das Achsenbündnis mit militärischen Abmachungen verstärkte.

Im folgenden Sommer war Polen an der Reihe, obwohl es bereits 1934 einen Nichtangriffspakt mit dem Reich geschlossen hatte. Hitler forderte die Rückgabe Westpreußens (des polnischen Korridors, der Ostpreußen vom übrigen Deutschen Reich trennte). Der Gefahr eines Zweifrontenkrieges suchte Deutschland durch die Unterzeichnung des Ribbentrop-Molotow-Paktes mit der Sowjetunion am 23. August 1939 zu entgehen. Dieser sicherte den Sowjets die Besetzung des östlichen Teils Polens sowie der baltischen Staaten zu.

Nach der Invasion Polens durch das Deutsche Reich in den frühen Morgenstunden des 1. September 1939 begann der Zweite Weltkrieg.

Die deutschen Panzertruppen im Zweiten Weltkrieg

Die deutschen Militäroperationen, die auf so verschiedenen Kriegsschauplätzen des Zweiten Weltkrieges wie Polen, Frankreich, Russland und Nordafrika stattfanden, unterschieden sich zwar jeweils in ihrem Ablauf, doch waren ihnen allen zwei Elemente gemeinsam: der Einsatz gepanzerter und motorisierter Fahrzeuge in großem Umfang, und dies in enger Zusammenarbeit mit der Luftwaffe, welche die notwendige taktische Unterstützung leistete. Die Operationsziele wurden durch schnelle Offensiven erreicht, die dem Feind keine Zeit ließen, diesen wirksam entgegenzutreten.

Der Begriff »Panzertruppen« wurde erstmals 1934 in Deutschland verwendet, wo die erste große Panzereinheit nach den gleichen Kriterien wie in Großbritannien gebildet wurde. Diese Einheiten wurden als »mechanisiert« bezeichnet.

General Lutz, Inspekteur der deutschen Kraftfahrkampftruppen, war an der Schaffung der deutschen Panzerwaffe und der Aufstellung der ersten Bataillone und Panzerregimenter beteiligt, die noch gemeinsam mit Infanterie operieren sollten. Jedes Bataillon besaß drei Kompanien zu je 15 leichten Panzern der Modelle I Typ A und B. Die Bewaffnung der Panzer bestand aus zwei Maschinengewehren 7,92-mm-MG 13, die im Turm montiert waren, während ihre maximale Panzerung 13 mm stark war. Geschwindigkeit und Reichweite dieser leichten Panzer betrugen auf der Straße etwa 40 km/h und 140 km (115 km abseits der Straße). Sie hatten die gleiche Ausstattung wie die italienischen leichten Panzer C.V.-33/35 (die abgeleitet waren vom britischen Carden Lloyd MK VI-Modell).

Unter dem Kommando von General von Thoma wurden vier Panzerbataillone mit dem PzKpw I ab September 1936 im Spanischen Bürgerkrieg zur Unterstützung der Truppen von General Franco eingesetzt. Dort nahmen sie an 192 Militäraktionen teil. Zuletzt waren sie während des deutschen Einmarschs in Polen im Einsatz, später wurden sie zur Ausbildung und für die Forschung verwendet.

Auch der Panzerkampfwagen II Ausf D–E, bewaffnet mit einem 2-cm-Maschinengewehr (2/Kwk 30 oder 38) sowie einem kombinierten Maschinengewehr des Kalibers 7,92 mm im Turm, hatte dort in Spanien seine Feuertaufe. Sei-

Deutsche Panzer an der Sollumfront.

ne Ergebnisse übertrafen die Erwartungen. Geschwindigkeit, Reichweite und Panzerung waren deutlich verbessert (55 km/h Geschwindigkeit, 200 km Reichweite und 30 mm Panzerung). Dennoch war er wegen seiner leichten Bewaffnung und Panzerung als Panzerkampfwagen ungeeignet, denn die meisten damals im Einsatz befindlichen Panzerabwehrwaffen konnten seine Panzerung durchschlagen.

Die Entwicklung der Panzerdivisionen begann im Oktober 1935 mit der Aufstellung der ersten drei großen Verbände. Jede Division umfasste eine Panzerbrigade mit vier Bataillonen, eine motorisierte Brigade (zwei motorisierte Infanteriebataillone, ein Motorradbataillon) und ein Artillerieregiment (mit 24 10,5-cm-Haubitzen und einem Panzerabwehrbataillon mit 3,7-cm-Kanonen), ein Aufklärungsbataillon, ein Pionierbataillon und weitere Divisionseinheiten.

General Heinz Guderian, der maßgeblich an der Schaffung der deutschen Panzerwaffe beteiligt war, hatte einige Jahre vor Kriegsbeginn ein Buch namens »Achtung, Panzer!« veröffentlicht. Dort führte er aus, dass Panzer nicht mehr als Unterstützungswaffe für die Infanterie betrachtet, sondern selbstständig für operative Zwecke eingesetzt werden sollten. Den Panzerverbänden und der Luftwaffe sprach er die Rolle der Hauptwaffen zu, mit deren Hilfe ein schneller taktischer Sieg errungen werden konnte. Guderians Einsatzgrundsätze der Panzerwaffe beruhten im Wesentlichen auf ihrer großen logistischen Unabhängigkeit, dem Ausnützen des Überraschungsmoments und ihrer Schnelligkeit beim Durchbruch in die Tiefe der gegnerischen Kampfzone. Die neue Doktrin sah daher einen kontinuierlichen Angriff auf feindliches Gebiet vor, ohne dabei auf die Infanterie zu warten, die ihren Möglichkeiten gemäß den Panzern nachfolgen sollte.

Um einen solchen Angriff durchzuführen, konnte man sich nicht mit Panzerbataillonen begnügen. Laut Guderian war die Panzerbrigade die kleinste taktische Einheit, die mit einer solchen Aufgabe betraut werden konnte. Diese Panzerbrigade sollte mitten in der Schlacht als entscheidendes Element für Erfolg oder Misserfolg einer Operation zum Einsatz kommen.

Der erste schwere deutsche Panzer, bekannt als Modell IV, wurde ab 1936 hergestellt. Seine Stückzahl war aber zu gering. Im September 1939 gab es erst 211 Panzer IV in vier Serien. Ihre Bewaffnung bestand aus einer 7,5-cm-L/24-Kanone mit 80 Schuss und zwei Maschinengewehren mit Kaliber 7,92 mm (eines davon war koaxial ausgeführt).

1938 wurden die Leichten Divisionen geschaffen, die die gleichen Aufgaben wie Kavalleriedivisionen erfüllen sollten. Sie verfügten über vier motorisierte Infanteriebataillone, ein oder zwei Panzerbataillone und weitere Elemente, die denen von Panzerdivisionen ähnelten.

Mit der Annexion der Tschechoslowakei am 15. März 1939 konnte Deutschland große Mengen der von Skoda und Ceskomoravska Kolben Danek (CKD) hergestellten Panzerfahrzeuge erbeuten. Skoda produzierte über 400 LT vz 35, von denen 219 von der deutschen Armee verwendet wurden

Deutsche Panzer auf dem Marsch nach Toulouse (Frankreich).

(unter der Bezeichnung PzKpfw 35(t)). Das Modell 35(t) wurde von der italienischen Armee getestet und in der rumänischen, bulgarischen und slowakischen Armee eingesetzt, während ein Derivat dieses Fahrzeugs, der T 21, modifiziert und in Ungarn unter dem Namen »Turan« produziert wurde. CKD stellte den ausgezeichneten TNHP-S her, der umbenannt wurde in Panzerkampfwagen 38 (t). Bis 1942 war er auch für den Export bestimmt. Danach wurde sein Chassis für andere Fahrzeuge, insbesondere für Selbstfahrerkanonen und Panzerjäger, verwendet, deren Produktion bis zum Ende des Krieges fortgesetzt wurde. Beide Panzer waren mit einer 3,7-cm-Kanone L/40 (KwK A 3) und zwei 7,92-mm-Maschinengewehren ausgestattet. Das Modell 38(t) nahm an allen Operationen an der Westfront und bis zur Kursk-Offensive im Sommer 1942 an der russischen Front teil. Es wurde auch von der ungarischen und slowakischen Armee verwendet.

Vor dem Einmarsch in Polen am 1. September 1939 wurden die Panzerdivisionen neu organisiert, ihre theoretische Stärke wurde von 561 leichten auf 320 leichte und mittlere Panzer reduziert. Jedes Bataillon war mit zwei Kompanien aus leichten Panzern ausgestattet, eine Kompanie bestand aus mittleren Panzern und die vierte Kompanie war für Depot- und Ergänzungsaufgaben zuständig. Die Anzahl der Fahrzeuge, die jeder Kompanie zur Verfügung standen, sank von 16 auf 12. Jede Division besaß eine Panzerbrigade bestehend aus zwei Panzerregimentern, einer Schützenbrigade (mit drei motorisierten Bataillonen und einem motorisierten Richtschützenbataillon), einem motorisierten Artillerieregiment, einem Aufklärungsbataillon, einem Panzerabwehrbataillon, einem Pionierbataillon, einem Aufklärungsgeschwader mit 12 Fahrzeugen und verschiedenen Diensten.

Die motorisierten Truppen verliehen den Operationen in Polen einen ausgesprochen mobilen Charakter und waren ein

Nach dem italienischen Waffenstillstand rollen deutsche Panzer durch Rom.

perfektes Beispiel für eine kluge Organisation und ihren genialen Einsatz. Im Winter 1939/40 sorgte das Oberkommando der Wehrmacht für eine genau festgelegte quantitative und qualitative Aufstockung der motorisierten und gepanzerten Einheiten. Neue mittelschwere Panzer und modernere leichte Fahrzeuge wurden in Dienst gestellt. Die leichten Divisionen wurden in große Panzerdivisionen umgewandelt, auf 10 aufgestockt und Armeekorps zugeordnet. Dies waren die entscheidenden Faktoren für die weiteren Erfolge gegen die alliierten Streitkräfte im Westen, obwohl diese über mehr Soldaten und Material verfügten.

Der PzKpw III Ausf. A–D wurde von 1936 bis 1939 in kleinen Stückzahlen hergestellt und oft als Versuchsmodell verwendet, um technische Probleme zu lösen. Dann begann die Massenproduktion der Ausf. E–N, die bis August 1943 andauerte. Der Panzer III war zunächst mit einer 3,7-cm-Kanone (37/KwK), ab Sommer 1940 mit einer 5-cm-Kanone (5-cm-Kwk 38 L/42 mit Aus. F), im Herbst 1941 mit 5-cm-KwK 39 L/60 (Aus. J) und im Jahr 1942 mit einer 7,5-cm-Kannone (7,5-cm-KwK 37 L/24, Ausf. N) ausgestattet. Ein Teil der Fahrzeuge der Ausf. E wurde zur F-Serie aufgerüstet, wobei die Bewaffnung und die Panzerung verbessert wurden.

Der PzKpw III sollte ab Frühjahr 1942 auch in Italien hergestellt werden, was aber nicht geschah, da sich herausstellte, dass einige notwendige Rohstoffe fehlten.

Im gleichen Zeitraum begann die Produktion der Versionen E und F des schweren Panzers IV, die bis 1942 andauerte.

1941 wurden die Panzerdivisionen auf 20 erhöht, aber die Panzerkomponente dabei reduziert: sechs Divisionen hatten nur noch je drei Bataillone, für die restlichen 14 Divisionen standen sogar nur noch je zwei Panzerbataillone zur Verfügung. Schuld daran war die geringe Panzerproduktion. Die deutschen Kommandeure kritisierten diese Maßnahme stark, da sie der Meinung waren, dass das Verhältnis von Panzer zu Infanterie nun nicht mehr ausreichend sei. An der Ostfront wurden 17 Panzerdivisionen eingesetzt, die auf vier Panzergruppen verteilt waren. Beinahe hätten diese es geschafft, die sowjetische Armee innerhalb einiger Monate zu besiegen. Trotz schwerer Verluste an den verschiedenen Fronten wuchs die Zahl der Panzerdivisionen 1942 auf 27 an. Ihre tatsächliche Panzerstärke variierte jedoch von Einheit zu Einheit (zwischen 1 bis 3 Panzerbataillonen).

Eine Panzerdivision bestand zu dieser Zeit aus einem Panzerregiment (1 schweres Panzerbataillon; 1 Bataillon aus zwei leichten Panzerkompanien und einer mittleren Panzerkompanie), einem Aufklärungsbataillon (1 Panzeraufklärungskompanie, 1 Panzerkompanie und 3 Motorradkompanien), einer motorisierten Infanteriebrigade (4 Schützenbataillone, 1 Kompanie mit Infanteriegeschützen), einem motorisierten Artillerieregiment (2 Gruppen mit 10,5-cm-Geschützen, 1 Gruppe mit 15-cm-Geschützen), einem Panzerjägerbataillon, einem motorisierten Pionierbataillon, einem motorisierten Nachrichtenbataillon und verschiedenen Unterstützungstruppen.

Bereits 1942 wurde mindestens eines der Infanteriebataillone mit Halbkettenfahrzeugen (Schützenpanzerwagen Sonderkraftfahrzeug 251 – S.Kfz. 251) und einige Artilleriegruppen mit Sturmgeschützen ausgerüstet. Der schwere PzKpw VI »Tiger« unterschied sich in seinem Aufbau stark von den Vorgängermodellen, denn sein Rumpf war vollständig verschweißt statt verschraubt. Bewaffnet war er mit der 8,8 cm langen L/56-Kanone, deren Geschoss eine 167-mm-Panzerung auf 1000 m Entfernung durchschlagen konnte. Seine Herstellung begann im August 1942 und endete im August 1944. MAN stellte im November 1942 das erste Modell des schweren Panzers V »Panther« vor, der mit einer 7,5 cm langen Rohrkanone (L/70) und einem 7,92-mm-Koaxial-Maschinengewehr ausgestattet war.

Das gesteckte Ziel war, eine monatliche Produktion von 600 Einheiten zu erreichen. Dafür musste der Produktionsauftrag auf mehrere Herstellerfirmen aufgeteilt werden. Insgesamt wurden mindestens 4800 Exemplare gebaut. Die Produktion der zweiten Variante des Modells VI (bekannt als »Tiger II«) begann im Dezember 1943 bei Henschel in Kassel und lief bis zum Kriegsende. Insgesamt wurden 489 »Tiger-II«-Fahrzeuge fertiggestellt. Seine Panzerung betrug 185 mm (im Vergleich dazu: 12 mm beim PzKpw I und 100 mm beim »Tiger I«), während seine Geschwindigkeit und Reichweite bei 38 km/h bzw. nur 110 km (85 km im Gelände) lagen.

In der letzten Kriegsphase war die Anzahl der Panzer in den deutschen Panzerdivisionen völlig unzureichend. Zwei Panzerbataillonen standen vier Schützenbataillonen gegenüber. Dieser Panzermangel war ein ernsthaftes Hindernis für den effektiven Einsatz der großen Panzerverbände, verstärkt noch durch den Mangel an gepanzerten Truppentransportern und Selbstfahrlafetten für die Artillerie.

1944 besaß eine Panzerdivision eine Aufklärungsabteilung (mit vier Kompanien, von denen eines schwer war), ein Panzerregiment (1 Panzerbataillon mit 86 Pzkpw IV, 1 Bataillon mit 73 PzKpw V »Panther«), zwei Panzergrenadierregimente, ein Landartillerieregiment, ein Panzerjägerbataillon, ein Pionierpanzerbataillon, ein Panzertransportbataillon und Unterstützungseinheiten.

Zu dieser Zeit mussten sich die deutschen Truppen einem Feind stellen, der über eine überwältigende Übermacht an Soldaten und Panzern verfügte. Auf deutscher Seite wurde festgestellt, dass die Rote Armee während des gesamten Feldzuges 258 Panzerbrigaden im Einsatz hatte.

Zum Zeitpunkt der Landung der Alliierten in der Normandie verfügten die Deutschen über 11 Panzerdivisionen und 5 Panzerbrigaden in Frankreich. Die Panzerdivisionen der allgemeinen Reserve waren jedoch zu weit vom Interventionsgebiet entfernt. Beim Versuch, sie trotzdem heranzuführen, vereitelten dies die Alliierten dank ihrer Luftüberlegenheit und Sabotage der Eisenbahn. Den Angloamerikanern gelang es dadurch, sich auf dem Kontinent zu etablieren, in Frankreich rasch vorzurücken und dann trotz der Gegenoffensive in den Ardennen Deutschland zu besetzen.

Schwere deutsche Panzer auf dem Weg zur Front.

Japanische Panzerkampfwagen von 1931 bis 1945

Bei Ausbruch des Ersten Weltkriegs erklärte Japan am 23. August 1914 dem Deutschen Reich den Krieg. Japanische Streitkräfte eroberten rasch die deutschen Pachtgebiete in China, Tsingtao und Jiaozhou Wan, sowie die deutschen Pazifikinseln, nämlich die Marianen, die Karolinen und die Marshallinseln. Im Versailler Friedensvertrag von 1919 bekamen die Japaner diese Gebiete als Völkerbundsmandat zugesprochen. Dank seiner Teilnahme am Ersten Weltkrieg wurde Japan in der Nachkriegszeit als Großmacht anerkannt. Es erweiterte seinen Einflussbereich in China.

Nach dem Zusammenbruch des Russischen Reiches in der Oktoberrevolution schickten Japan und die Vereinigten Staaten 1918 Truppen nach Sibirien, um den Führer der Weißen Armee, Admiral Alexander Kolcak, gegen die bolschewistische Rote Armee zu unterstützen.

Im Oktober 1922 zog Japan seine Truppen nach starkem diplomatischen Druck der Vereinigten Staaten und des Vereinigten Königreichs aus Sibirien zurück. Die militärischen Aktionen waren nicht sehr erfolgreich gewesen. Die japanischen Offiziere hatten einen Bedarf an Panzern festgestellt. Die japanische Regierung kaufte 1919 13 französische leichte Panzer des Typs FT-17 und in den folgenden Jahren einen britischen schweren Panzer MK IV sowie sechs mittlere Panzer Vickers Medium Mark A Whippets. Diese letzteren Panzer waren hauptsächlich für Erprobungen vorgesehen. Schließlich beschloss die Kaiserliche Japanische Armee 1925, vier Panzerbataillone aufzustellen und beauftragte das Osaka Army Arsenal (Osaka Rikugun Zoheisho) mit der Entwicklung eines mittleren Panzers.

Osaka Army Arsenal kaufte einen Panzer Medium Mark C der britischen Firma Vickers, der für die Entwicklung des Typ 87-Prototyps mit einem Gewicht von 9,1 Tonnen verwendet wurde. Die Leistung des Prototyps war nicht brillant (zu langsam) und das übermäßige Gewicht von über 18 t hielt die Kaiserliche Japanische Armee davon ab, den Panzer zu ordern. Nach weiteren Modifikationen wurde im April 1929

Eine Abteilung junger Soldaten beim Manöver mit einem Tank.

ein neuer Prototyp entwickelt und getestet. Am Ende der Erprobungen war die Armee zufrieden und akzeptierte das Fahrzeug, das die offizielle Bezeichnung »Typ 89 Yi-Go« erhielt. Mit der Herstellung wurde die Firma Mitsubishi Heavy Industries beauftragt. Diese errichtete in der Nähe des Sagami Arsenals eine neue Produktionsstätte und baute über 400 Panzer des Typs 89 Yi-Go als Infanterieunterstützungswaffe. Dieser mittlere Panzer, bewaffnet mit einer 57-mm-Kanone-Typ 90 und zwei 6,5-mm-Maschinengewehren Typ 91, bildete den Kern der japanischen Panzerwaffe für die gesamten 1930er Jahre und wurde dann durch den Typ 97 ersetzt. Der Typ 91 kam sogar noch im Zweiten Weltkrieg zum Einsatz und war bei der japanischen Eroberung der Philippinen dabei.

1927 kaufte Japan sechs Carden-Lloyd MK-Tanketten VI und entwickelte daraus den Panzer Typ 92 Jyu-Sokosha sowie den Typ 94 Te-Ke. Der erste leichte Panzer wurde den Kavallerieeinheiten zugewiesen. Von dem zweiten Modell wurden mehrere hundert produziert und als Aufklärungsfahrzeuge eingesetzt. Ebenfalls 1929 kaufte Japan zehn französische Renault NC 1-Panzer, die dann als Renault Otsu-Gata (»Typ B«) bezeichnet wurden. Er war im Grunde eine bessere Version des bekannten FT-Panzers.

Am 10. November 1928 wurde Hirohito formell zum Kaiser von Japan gekrönt. Während seiner Regierungszeit etablierte sich ein Machtblock aus Militär und Kaiserhof, der bis 1945 ein totalitäres Regime bildete. Die tennosei fashizumu (faschistisches Kaisertums) besaß im Vergleich zum italienischen und deutschen Faschismus keinen direkten Diktator; dessen Rolle wurde vom Charisma des Kaisers ersetzt.

Japan betrieb eine expansionistische Politik auf Kosten Chinas. Nach dem Mukden-Zwischenfall am 18. September 1931 drangen japanische Streitkräfte in die Mandschurei ein und schafften es innerhalb weniger Tage, mehrere strategische Punkte in dieser chinesischen Region zu besetzen. An diesen Militäroperationen waren auch FT-17-Panzer beteiligt. Am 18. Januar 1932 besetzten japanische Streitkräfte die Stadt Shanghai nach einem Angriff auf eine Gruppe japanischer Mönche. Der mittlere Panzer Typ 89 Yi-Go war Teil dieser Operation. Die chinesisch-japanischen Auseinandersetzungen endeten offiziell am 27. Februar 1932, als die Japaner die Marionettenregierung von Mandschuku errichteten und einen Waffenstillstand mit der chinesischen Regierung unterzeichneten, der allerdings nicht lange währen sollte. Am 7. Dezember stellten mehrere Staaten im Völkerbund den Antrag, Japan die Schuld am Mukden-Zwischenfall zuzuweisen. Daraufhin trat Japan 1933 aus dem Völkerbund aus. Ebenfalls 1933 schuf die japanische Armee drei Panzerregimente und eine gemischte Brigade. Diese Brigade wurde mit den Panzern Typ 89 und Typ 94 ausgerüstet. Die Regimenter waren mit dem Typ 89 YI-Go ausgestattet, doch diese waren zu langsam und nach langen Fahrten oft defekt. Die japanische Armee forderte deshalb die Entwicklung eines schnellen leichten Panzers. Ein erster Prototyp, Typ 95 genannt, wurde im späten Frühjahr 1934 vom Arsenal Sagami entwickelt. Seine Erprobungen fanden noch im Oktober desselben Jahres statt. Der Panzer bekam in seinen Drehturm eine 37-mm-Kanone und ein 7,7-mm-Koaxial-Maschinengewehr vom Typ 97. Ein zweites Maschinengewehr befand sich im hinteren Teil des Turms. Der Panzer wog 7,4 t und hatte nur eine Panzerung von 7 mm Dicke. Seine Serienproduktion begann 1935 und endete 1943.

Soldaten reinigen einen japanischen Panzer.

Am 25. November 1936 unterzeichnete Japan den Antikominternpakt mit dem Deutschen Reich. Im darauf folgenden Monat besetzten japanische Streitkräfte Tsingtao. Außerdem gründete Japan im Inneren der Mongolei den Marionettenstaat Mengjiang.

Im Sommer 1937 brach der zweite chinesisch-japanische Krieg aus. Japanische Truppen besetzten Peking am 31. Juli und Nachino am 13. Dezember, wo die Japaner schwere Massaker begingen, die bis in den Januar 1938 andauerten (nach einigen Schätzungen gab es über 300.000 Opfer). Die 1. Unabhängige gemischte Brigade (12 x Typ 89, 12 x Typ 94 und 13 x Typ 95) unterstützte den Vorstoß, ohne auf viel Widerstand zu stoßen, da die Chinesen keine Panzerabwehrwaffen und gepanzerten Fahrzeuge hatten.

Im Sommer 1939 standen sich Japan und die Sowjetunion im letzten nicht erklärten Grenzkrieg bei Nomonhan gegenüber und beendeten damit die lange Serie ähnlicher Konflikte, die Anfang der 1930er Jahre begonnen hatten. Bewaff-

Die japanische 4. Panzerdivision beim Einsatz.

nung und Panzerung der japanischen Fahrzeuge erwiesen sich als unzureichend: In zehn Kampftagen gingen mehr als 35% der gesamten japanischen Streitkräfte verloren.
Der Panzer Chi-Ha Typ 97 gehörte zur neuen Generation mittelgroßer Panzer. Er wurde zum Hauptgefährt japanischer Panzertruppen während des Zweiten Weltkriegs. Das Fahrzeug wurde 1939 in Dienst gestellt. Im folgenden Jahr wurden drei Panzerdivisionen aufgestellt, eine weitere kam 1944 dazu. Marine-, Kavallerie- und Infanterieeinheiten verfügten über gepanzerte Kompanien.
Am 7. Dezember 1941 fand der japanische Luft- und Seeangriff auf Pearl Harbor statt, worauf die USA Japan den Krieg erklärten. Am selben Tag begann die japanische Invasion Thailands. Noch im Dezember wurde Hongkong besetzt. In der Anfangsphase des Krieges verwendete die Kaiserlich Japanische Armee Hunderte von gepanzerten Fahrzeugen, die in der Regel in kleinen Einheiten zur Unterstützung der Infanterie eingesetzt wurden.
Am 22. Dezember fand bei Damortis auf der Insel Luzon (Philippinen) das erste Gefecht zwischen japanischen und amerikanischen Panzertruppen statt. Die leichten Panzer M3 und M2A4 verursachten dem Feind schwere Verluste. Japanische Panzer nahmen an Militäraktionen auch in Indonesien, Burma und auf den Inseln Okinawa und Iwo Java teil. Nach den ersten Betriebserfahrungen begann die Aufrüstung des Typ 97, die zu völlig neuen Modellen führte.
Zuerst erschien der Typ-97-Chi-Ha Kai-Panzer, der mit einem neuen Turm und einer 47 mm langen Kanone bewaffnet war. Die Wanne vom Typ 97 diente als Basis für andere Fahrzeuge, wie zum Beispiel die Sturmgeschütze der Ho-Ni-Serie. Kurz darauf wurde der Typ 1 CHI-HE mit einem neuen 230-PS-Motor und verbesserter Panzerung in Dienst genommen. Die Leistung war trotz des auf 17 Tonnen erhöhten Gewichts deutlich besser. Die Bewaffnung blieb gleich.
Ab 1943 begannen die Lieferungen des 18 Tonnen schweren Panzers Typ 3 CHI-NU. Dieser besaß in seinem neuen Turm eine 75-mm-Kanone. 1944 ging der 24 Tonnen schwere Typ 4 CHI-TO in Produktion, der über einen verbesserten Motor, eine verstärkte Panzerung und eine 75 mm lange Kanone verfügte. Japan stellte auch Amphibienpanzer her, wie den

Typ 2 KA-MI, der sich bei den Inseleroberungen im Pazifikkrieg bewährte. Deutschland schickte zwei Panzer III nach Japan. Doch es gelangen dort keine großen Fortschritte bei der Panzerentwicklung, vielleicht mit Ausnahme des 37-Tonnen-Panzers Chi-Ri Typ 5, der aber nur ein Prototyp blieb. Seine Bewaffnung umfasste eine 75 mm lange Kanone, eine 37-mm-Kasemattenkanone und drei Maschinengewehre. Die gesamte Typ-1-Serie blieb in Japan als Schutz vor den gefürchteten feindlichen Landungen.

Ein Schicksal, das zahlreiche japanische Projekte der jüngsten Generation teilten. Der Mangel an Rohstoffen und Öl verringerte die japanischen Produktions- und Einsatzmöglichkeiten aufgrund der Erfolge, die die alliierten Flugzeuge und Kriegsschiffe seit 1943 gegen den japanischen Schiffsverkehr erzielt hatten.

Japanische Soldaten mit Panzer in Shanghai.

Japanische Panzerkolonne auf dem Vormarsch in Malaka in der Nähe von Singapur.

Die gepanzerten Fahrzeuge der Achsenbündnispartner in Europa

Die italienische Armee

Die Königlich-italienische Armee beauftragte die »Fabbrica Italiana Automobili Torino« (kurz: FIAT), gegründet am 11. Juli 1899 in Turin, mit der Entwicklung eines Mehrzweck-Lastkraftwagens für den Transport von Personen und Material. Diese Turiner Firma baute den Fiat 15, der das Rückgrat in der ersten frühen Motorisierungsphase der italienischen Streitkräfte darstellte. Die italienische Armee erwarb alle von Fiat entwickelten Versionen und nutzte sie während des Italienisch-Türkischen Krieges (1911–1912). Die Karosserie des Fiat 15 bis wurde für den Bau des Panzerwagens Fiat Arsenale verwendet. Er kam gemeinsam mit den gepanzerten Fahrzeugen des Unternehmens Bianchi in den militärischen Operationen dieses Kolonialkrieges zum Einsatz.
Der erste Panzerspähwagen, der in großem Maßstab produziert wurde, war mit rund 120 Einheiten der *Lancia 1Z*; dieser wurde in den letzten Jahren des Ersten Weltkriegs insbesondere gegen Österreich-Ungarn eingesetzt.
Die italienische Führung stand dem Nutzen von gepanzerten Fahrzeugen skeptisch gegenüber, denn die Grenze zu Österreich-Ungarn verlief vor allem durch die Alpen, welche den effektiven Einsatz von Panzern verhinderten. Daher begann Italien im Vergleich zu anderen kriegführenden Ländern verspätet mit der Entwicklung und Produktion von Panzern, die dazu dienen sollten, die Verteidigungsstellungen des Feindes zu durchbrechen.
Zu Testzwecken kaufte die italienische Armee den mittleren Panzer Schneider CA-1 und vier leichte Panzer vom Typ Renault FT aus Frankreich. Das letztere Modell wies einige Innovationen auf: bei ihm war die Bewaffnung in den Drehturm eingebaut und er verfügte über einen Heckmotor. Fiat produzierte den schweren Panzer Fiat 2000, bewaffnet mit einer 6,5-cm-Kanone im Turm und sieben Maschinengewehren, die rund um die Wanne verbaut waren. Sein Gewicht betrug 40 Tonnen, weshalb ihn das Oberkommando der italienischen Armee als zu langsam und zu schwer einschätzte und deswegen seine Produktion auf zwei Exemplare beschränkte. Fiat konzentrierte sich gegen Ende des Krieges auf die Entwicklung einer verbesserten Version des Renault FT, der den Namen Fiat 3000 erhielt.
Zunächst ordnete die italienische Armee die Produktion von 1400 Exemplaren an, diese Zahl wurde nach Kriegsende jedoch auf hundert reduziert. Die Zulassung erfolgte 1921 und die Auslieferung dieser Fahrzeuge erfolgte zwischen 1923 und 1924. Ihre Bewaffnung war auf zwei 6,5-mm-MG beschränkt.
In der Königlichen Armee behielten die Panzer den Namen der Fabrik als Bezeichnung, aber nach dem Ersten Weltkrieg wurden die neuen Fahrzeuge nach der Jahreszahl ihrer Inbetriebnahme benannt (nur die letzten beiden Ziffern); so wurde beispielsweise aus dem Fiat 3000 das Panzermodell 21.
In den Jahren 1928–1929 entwickelte Fiat eine verbesserte Version, den Fiat 3000 B, bewaffnet mit einer 3,7-cm-Kanone Kaliber 40 oder zwei 8-mm-MG Fiat 35. 50 Stück wurden von ihm hergestellt. Die letzte Schlacht dieses 1916 konzipierten Panzers fand im Juli 1943 in Sizilien statt, bei dem vergeblichen Versuch, die Landung der Alliierten zu verhindern.
Ebenfalls 1928 nahm eine Kommission der italienischen Armee an der Vorführung des leichten Panzers (Tankette) Carden-Loyd Mk. VI teil. Entworfen hatte diesen Panzer Major

Der Panzer Fiat 3000, bewaffnet mit zwei 6,5-mm-MG.

Zwei Bilder der schnellen Panzer C.V. 33 und C.V. 35: Ein Kampfpanzer in einem Feldlager während einer Militäroperation (1. Bild) und während einer Militärparade.

Giffard LeQuesne, der in allen fünf Varianten des Fahrzeugs eine Besatzung von zwei Mann beibehielt. Seine Bewaffnung bestand nur aus einem 7,7-mm- oder 12,7-mm-Vickers-Maschinengewehr. Das 1,5-Tonnen-Fahrzeug mit einer Geschwindigkeit von 40 km/h und einer Reichweite von rund 150 km wurde von Vickers-Armstrong vermarktet, das ebenfalls in Lizenz im Ausland produziert wurde. Der Carden-Loyd Mk. VI bildete die Basis für eine Reihe von leichten gepanzerten Fahrzeugen. So produzierte ihn beispielsweise die Sowjetunion unter der Bezeichnung T-27, nachdem sie ihn in wesentlichen Punkten technisch verändert hatte, während Japan ihn für die Konstruktion ihres Typ 92 Jyu-Sokosha und Typ 94 Te-Ke verwendete.

Nach intensiven Tests, die 1929 in Norditalien durchgeführt wurden, bestellte die italienische Armee bei Vickers 25 Exemplare des Fahrzeugs, von denen zwölf in Lizenz von O. T. O. und neun weitere von Ansaldo hergestellt wurden. Dieses neue Fahrzeug erhielt den Namen Carro Veloce 29 (C.V. 29). Es erwies sich im bergigen Gelände als gut manövrierfähig, d.h. es konnte enge Bergstraßen passieren und alle Arten von Brücken überqueren. Der Carden-Loyd Mk. VI (C.V. 29) stellte die Basis für die Entwicklung des C.V. 33 dar. Die Ergebnisse der anschließenden Tests brachte die italienische Armee zur Einsicht, einen neuen Panzer zu entwickeln, der die Bedürfnisse der italienischen Streitkräfte besser erfüllen konnte. Ansaldo vereinbarte mit Fiat die Entwicklung eines Infanteriebegleitpanzers. Von diesem entstanden vier Prototypen. Nach weiteren Modifikationen begann 1933 die Produktion des neuen Fahrzeugs, das den Namen carro armato veloce Ansaldo oder einfach Carro Veloce 33 (oder C.V. 33) trug.

Die ersten Prototypen wurden 1934 an die ersten mechanisierten Abteilungen ausgeliefert. Im folgenden Jahr erschien die zweite Version des C.V. 33, ihm folgte der Carro Veloce *35*

Während der italienischen Besetzung Äthiopiens: Zwei Panzerkampfwagen C.V. 33 oder C.V. 35 stehen vor einem sehr steilen Abhang.

Zwei französische FT-17-Wagen, die an die spanische reguläre Armee geliefert worden waren, wurden im Spanischen Bürgerkrieg von italienischen Truppen in einem Dorf in der Nähe von Segovia (nördlich von Madrid) erbeutet. Die italienischen Soldaten hier heben gegenüber dem Fotografen den Arm zum faschistischen Gruß.

Eine Kolonne von Panzern des Typs C.V.-33 oder 35 während des Spanischen Bürgerkriegs, die wahrscheinlich nördlich der Region Aragon unterwegs war.

nach, der mit zwei Fiat 8-mm-Maschinengewehren anstelle des 6,5-mm-MG der ersten Version und zahlreichen weiteren Modifikationen ausgestattet war. Wenige Monate später erschien eine zweite Variante des C.V. 35, die aber erst in den Anfangsmonaten des Jahres 1936 auf die Panzereinheiten verteilt wurde. Während des italienisch-äthiopischen Krieges erreichte die monatliche Produktion durchschnittlich 115 Stück. Die Gesamtzahl lag bei rund 2000 Exemplaren.
Die Doktrin der Königlich-italienischen Armee bis zum Vorabend des Zweiten Weltkriegs bestand in der Herstellung von leichten Panzerkampfwagen, die sich für den Einsatz im Gebirge zur Bekämpfung einer möglichen feindlichen Invasion über die Alpen eigneten. Es wurde die Möglichkeit erwogen, diese Fahrzeuge in den italienischen Kolonialgebieten in Afrika einzusetzen. Die italienischen Oberbefehlshaber beurteilten die Panzer auf der Grundlage früherer Erfahrungen in den Wüsten Libyens, wo sich Schwierigkeiten bei der Versorgung eingestellt und sie sich aufgrund des Klimas als mechanisch unzuverlässig erwiesen hatten. Die Oberkommandos unterschätzten die Möglichkeit von Panzergefechten in der Po-Ebene, wo die Panzer entscheidend werden könnten, hatten sie erst einmal das Hindernis der Alpen überwunden.
Am 1. Dezember 1938 erließ der italienische Generalstab neue Verordnungen für den Einsatz von gepanzerten Einheiten und ersetzte die inzwischen veraltete Doktrin, die sich an die französischen Einsatzgrundsätze angelehnt hatte. Der Panzer galt als Unterstützungswaffe für die Infanterie. Eine Publikation mit dem Titel »Impiego delle Unità Carriste« (Der Einsatz von Panzer-Einheiten) definierte den Tank als »mächtiges Hilfsmittel der Infanterie«, aber auch als ein » grundlegendes Element großer gepanzerter Einheiten«. Die Doktrin besagte, dass jeder Panzerkampfwagentyp (»L« – Leichter Panzer; »M« – Mittlerer Panzer; »P« – Schwerer Panzer) spezifische Aufgaben übertragen bekommen musste, und bestätigte die Notwendigkeit eines koordinierten Vorgehens auf dem Schlachtfeld, um die Wirksamkeit der feindlichen Panzerabwehr zu verringern.
Was die Entfernung betrifft, so wurde festgelegt, dass die Panzerabteilung in einer Entfernung von 100 m und das Bataillon zwischen 1500 und 1700 m operieren sollte. In der Regel sollten die Fahrzeuge in zwei oder drei Reihen eingesetzt werden. Der Abstand zueinander musste mindestens 500 m betragen. Die Einsatzvorschriften gingen jedoch kaum auf die Möglichkeit eines Kampfes mit anderen Panzerfahrzeugen ein. In diesem Fall durfte der Angriff nur mit den Kanonen oder möglicherweise mit den Flammenwerfern durchgeführt werden. Die leichten Panzer, die nur mit Maschinengewehren bewaffnet waren, durften nur gegen Infanterie vorgehen. Die ersten Militäroperationen des Zweiten Weltkriegs machten diese Regeln obsolet und mussten im August 1941 aktualisiert werden.
In Italien setzte man bei Panzerfahrzeugen mehr auf eine hohe Quantität als auf ihre Qualität, während die anderen Kriegsparteien 10-Tonnen-Panzer kauften, die mit einer Kanone (meist 3,7 cm) bewaffnet waren und von denen einer so viel kostete wie drei C.V. 33 oder C.V. 35, aber militärisch viel wertvoller war als jene.
Die italienische Beteiligung am Spanischen Bürgerkrieg (1936–1939) machte deutlich, dass dieser Ansatz unzureichend war und es wurde versucht, die Produktion von mittleren Panzerkampfwagen wieder aufzunehmen. Das erste Modell, M 11/39, wurde im Juli 1939 produziert. Es war mit einer 3,7-cm-Kasemattenkanone und zwei Maschinengewehren im Turm ausgestattet; eine schlechte Entscheidung,

denn dadurch war es sofort veraltet und überholt. Im Oktober desselben Jahres produzierte Ansaldo den Prototyp eines zweiten Modelles, den zukünftigen M 13/40. Tatsächlich hinkte Italien anderen Nationen um eine Panzergeneration hinterher.
Das eigentliche Aufrüstungsprogramm der italienischen Armee (Regio Esercito) begann erst 1939: Der L 3/35 wurde von einem neuen leichten 6-Tonnen-Panzer abgelöst, dem L 6, der besser gepanzert und mit einem 2-cm-MG bewaffnet war, dazu kamen die mittleren Panzerkampfwagen M 13/40, M 14/41, die am meisten auf den Schlachtfeldern eingesetzt wurden, und der M 15/42, der speziell zur Verteidigung Roms gedacht war, sowie der schwere 26-Tonnen-Panzer P 26/40, der im August 1940 von Mussolini selbst angefordert wurde. Am 10. Juni 1940, als Italien in den Krieg eintrat, verfügte es über ungefähr 1400 leichte Panzerkampfwagen (darunter etwa hundert veraltete Fiat 3000 A und B) und 96 M 11/39. Großbritannien, der wichtigste Gegner Italiens in Nordafrika, besaß eine besser strukturierte und mächtigere Panzertruppe: Diese bestand aus den leichten 4–5-Tonnen-Panzern Light Tank MK V–VI (er ähnelte dem L 3, war aber besser bewaffnet), den mittleren 13–15-Tonnen-Panzern *Cruiser Mk 1–4* mit 4-cm-Geschützen, und dem schweren 26-Tonnen-Panzer *Matilda*, der ebenfalls mit einer 4-cm-Kanone bewaffnet war. Das letztere Modell war langsam und hatte einen mechanischen Defekt; sein Vorteil war jedoch, dass es praktisch unverwundbar gegenüber den italienischen Panzerkanonen war.
Wäre die Herstellung des Panzers P 26/40 für die Königlich-italienische Armee vor Kriegsbeginn abgeschlossen gewesen, hätte die Invasion Ägyptens wahrscheinlich zu einem anderen Resultat geführt. Die 7. Britische Panzerdivision hätte möglicherweise die italienischen Panzereinheiten nicht überwältigen können, wenn die Italiener über eine viel größere Zahl an Panzerfahrzeugen verfügt hätten. Der L-6-Wagen wurde erst ab 1941 an die Truppe verteilt, als er in vielerlei Hinsicht bereits veraltet war, während es von den Wagen M 13 und M 41 im Vergleich zum Bedarf immer zu wenig gab.
Dank den aufopferungsbereiten Besatzungen konnten die italienischen Panzertruppen ihren Gegnern wirksam entgegentreten, zumindest bis zur Ankunft der 27 Tonnen schweren *M 3 Grant*- und 30 Tonnen schweren *M 4 Sherman*-Panzer. Nach der Gründung der ersten gepanzerten Einheiten in der Wehrmacht schuf auch Italien seinen ersten großen gepanzerten Verband, die erste motormechanisierte Brigade, deren Gründung auf den 1. Juni 1936 zurückgeht, genauso wie im Rundschreiben 7050 vom 10. Januar 1936 vorgesehen. Es bestand aus zwei Panzerbataillonen (jeweils mit zwei Kompanien mit insgesamt 46 Leichtkampfpanzerwagen C.V. 35), einem motorisierten Bersaglieri-Regiment mit zwei Bataillonen, einer motorisierten leichten Gruppe (mit zwei-7,5-cm/27-Batterien) und einem gemischten Pionierzug.
In der zweiten Augusthälfte des Jahres 1936 nahm diese Abteilung an den Großmanövern in Kampanien teil. Nach diesem Manöver wurde diese Einheit auf Grundlage der gesammelten Erfahrungen in eine Panzerbrigade umgewandelt. Diese Brigade erhielt zwei schwere Panzerbataillone, zwei Panzerabwehrkompanien (mit 4,7-cm-Geschützen) und eine 2-cm-Flakbatterie. Diese sollte den mechanisierten Kern der Truppe, die Panzerabwehr und die Flugabwehr verstärken.
Anfangs verfügte diese Brigade über keine motorisierten leichten Gruppen, da sie vorgesehen war, in enger Zusammenarbeit mit anderen großen Verbänden zu agieren, von denen sie die notwendige Unterstützung erhalten würde. Diese Transformation fand am 15. Juli 1937 statt, am selben

Der modernste italienische Panzer P 26/40. (Sammlung A. de Marchi)

Ein britischer Panzer Matilda in Ägypten während der »Operation Kompass«, 1940. (Imperial War Museum, PD)

Tag erfolgte die Gründung der 2. Panzerbrigade. Sie hatte die folgende Aufstellung: ein Brigadestab; zwei Schwerpanzerbataillone, die jeweils mit 43 Fiat 3000 A und B ausgestattet waren; ein Leichtpanzer- und Flammenwerferbataillon mit 48 C.V. 35; ein motorisiertes Bersaglieri-Regiment (ein Autoverband, zwei Bataillone mit je zwei Kompanien); eine Motorradfahrerkompanie; zwei Panzerabwehrkompanien mit 4,7-cm-Kanonen; eine 2-cm-Flakbatterie; eine gemischte Pionierkompanie.

Die 1. Brigade nahm an den großen Manövern des Jahres 1937 teil, die in der zweiten Augusthälfte in Sizilien durchgeführt wurden. Die bei diesen Manövern erzielten Ergebnisse fielen sehr positiv aus, sodass die Führung der Königlichen Armee die gepanzerten Brigaden in Divisionen umwandelte. Die Panzer- und Flugabwehr wurden verstärkt, außerdem kam ein Artillerieregiment zum Einsatz, das die Aufgabe hatte, die feindlichen Panzerabwehrwaffen zu zerstören oder unschädlich zu machen. Nicht alle geplanten Änderungen konnten umgesetzt werden, da sich die neuen Panzerspähwagen für die Aufklärungsabteilungen und die mittleren Panzerkampfwagen der M-Serie noch in der Entwicklung befanden.

Die Pläne der italienischen Armee beinhalteten die Schaffung dreier großer gepanzerter Divisionen. Die »Ariete« war die erste italienische Panzerdivision, die am 1. Februar 1939 aus der Umwandlung der zweiten Panzerbrigade entstand. Die zweite hieß »Centauro«; sie wurde am 20. April 1939 in Cremona durch Umwandlung der 1. Panzerbrigade ins Leben gerufen. Die dritte und letzte Division war »Littorio«, die am 6. November 1939 in Parma aufgestellt wurde. Ihr waren das 33. Panzerregiment, das 12. Bersaglieri-Regiment und das 133. Artillerieregiment zugewiesen.

An den Großmanövern des Sommers 1939 nahmen erstmals das neu gebildete Panzerarmeekorps teil, das aus einer gepanzerten und einer motorisierten Division bestand, sowie die Unterstützungsabteilungen.

Im Juni 1940 hatten die drei gepanzerten Divisionen jeweils folgende Zusammensetzung: Ein Divisionsstab[1]; ein Panzerregiment mit drei leichten L 35-Panzerbataillonen; ein Bersaglieri-Regiment mit einem Motorradfahrerbataillon und zwei motorisierten Bataillonen; ein Artillerieregiment, bestehend aus zwei Gruppen (jede beinhaltete drei 75/27-Batterien); eine Pionierkompanie; eine gemischte Autoabteilung. Jede Division hatte insgesamt ca. 5100 Soldaten, 93 leichte Panzerkampfwagen des Typs L 35, 24 Flammpanzer L 35/lf, 750–760 Fahrzeuge, 700 Motorräder, 24 Sturmgeschütze 75/27, 36 Panzerabwehrgeschütze 47/32 und 37/45, 16 2-cm-Flak-MG.

Im Laufe des Jahres 1941 ersetzten allmählich M 13-Panzer die L 35-Modelle in den Panzertruppen. Gleichzeitig wurde die Panzerdivision verstärkt. Jede Panzerdivision bestand 1941 aus: einem Panzerdivisionsstab; einem M-Panzerregiment (Stab, drei M-Panzerbataillone, eine 2-cm-Flak-Kompanie, 1 Reparatur- und Bergungsabteilung); einer gepanzerten Aufklärungsabteilung (Stab, ein Panzerbataillon, ein gemischtes Bataillon); einem Bersaglieri-Regiment (Stab, eine Motorradkompanie, zwei Bataillone, ein Flak- und Panzerabwehr-Bataillon, eine Fahrzeugabteilung); einem Artillerieregiment (Stab, eine Gruppe mit 10,5-cm-Kanonen Kaliber 28 auf 2 Batterien, zwei Gruppen mit 7,5-cm-Kanonen Kaliber 27, zwei 75/18- und 75/34-Sturmgeschütz-Gruppen, jede aus zwei Batterien bestehend, 1 LKW-Gruppe mit 9-cm-Flugabwehrkanonen Kaliber 53 »Autocannoni« aus zwei Batterien, Munitions- und Nachschubabteilungen, Flaksektionen), einem Pionierbataillon und Unterstützungsabteilungen. Der Stab der gepanzerten Division war auf 8600 Mann mit 189 M-Panzerwagen, 40 Panzerspähwagen, 20 Sturmgeschützen, 50 Artilleriegeschützen, 250 Abwehrkanonen, 34 2-cm-Flak-MG, neun 8,1-cm-Mörser angewachsen.

In der Zwischenzeit hatte die Königlich-italienische Armee geplant, bis Ende 1942 drei weitere gepanzerte Divisionen aufzustellen. Ihre Zahl wurde dann auf eine Division reduziert, nämlich auf die Panzerdivision »Giovanni Fascisti«, da jeden Monat Panzereinheiten nach Nordafrika geschickt werden mussten, um die Verluste der Panzerdivisionen zu ersetzen. Die Panzerdivision »Giovanni Fascisti« hatte eine anomale Struktur, weil sie keine gepanzerten Fahrzeuge besaß. Das 1. Panzergrenadierregiment, das kurzzeitig zugeteilt und dann wieder aufgelöst wurde, kam nie in Libyen an.

Die Königliche Armee hatte mit der Aufstellung der Panzerbrigade »Ariete 2« begonnen, die zum Zeitpunkt des italienischen Waffenstillstands, am 8. September 1943, wie folgt organisiert war: Stab; die Gepanzerte Aufklärungsgruppe »Lancieri di Montebello« (bestehend aus zwei Gruppen mit je zwei Panzerspähwagen-Staffeln, zwei Motorradstaffeln, einer 47/32- und einer 75/18-Sturmgeschützstaffel); dem Panzerregiment »Lancieri di Vittorio Emanuele« (drei Gruppen, jede mit einer Panzerkompanie M42 und zwei M42-75/18-Sturmgeschütz-Kompanien); das Motorisierte Regiment »Cavalleggeri Lucca« (Stab, Sturmgeschütz-Staffel 75/18, drei Gruppen); Artilleriebrigade (gebildet vom 135. Artillerie-Regiment (2 Gruppen mit 100/22-, eine mit 149/19- und eine mit 90/53-Geschützen)) und das 235. Artillerie-Regiment (2 Gruppen mit 7,5-cm-Kanonen Kaliber 32 und eine Sturmgeschütz-Gruppe mit 105/25-Geschützen); das 35. selbstfahrende Panzerabwehrbataillon (drei 75/34-Sturmgeschütz-Kompanien), ein Pionierbataillon sowie Unterstützungsabteilungen.

[1] Im Jahr 1939/1940 gliederte sich der Divisionsstab im Einsatz (Wehrmacht): 1 –Divisionskommandeur; 2 – Führungsabteilung mit unterstellter Kartenstelle und Kradmeldezug; Adjutantur; Quartiermeisterabteilung. (http://www.lexikon-der-wehrmacht.de/Zusatz/Heer/DivisionsstabID-R.htm

Eine italienische Panzerkolonne in der nordafrikanischen Wüste.

Von der Invasion Polens bis zur Besetzung Frankreichs

Der Polenfeldzug ist in die Geschichte eingegangen wegen des schnellen und konzentrischen Vormarschs der deutschen Armeen ins Landesinnere Polens. Das grundlegende Erfolgselement waren die motorisierten Divisionen der fünf deutschen Armeen und ihre Unterstützung durch die Luftwaffe. Der schnelle Abschluss der Operationen in Polen ermöglichte es dem deutschen Oberkommando, sich auf die Vorbereitungen zur Besetzung Norwegens und Dänemarks sowie der Offensive im Westen zu konzentrieren.

Am 9. April 1940 begannen die Militäroperationen der Wehrmacht gegen die skandinavischen Länder. Bei den Militäroperationen auf norwegischem Gebiet beteiligte sich auch ein kleines Kontingent an gepanzerten Truppen, das in Oslo landete. In weniger als einer Woche rückte es über 200 Kilometer vor, um sich wieder mit der Haupttruppe bei Trondheim zu vereinen.

Am 10. Mai startete die Wehrmacht mit 110 Divisionen ihren Angriff auf Holland, Luxemburg, Belgien und Frankreich. Diese nur 44 Tage dauernde Offensive verdankte ihren Erfolg der Verfügbarkeit von großen gepanzerten und motorisierten Einheiten, die ständig von der Luftwaffe unterstützt wurden.

Italien trat am 10. Juni 1940 neben dem Deutschen Reich in den Krieg ein. Doch die italienischen Militäroperationen an der westlichen Alpengrenze gegen die Verteidigungsstellungen des Gegners in den Bergen erlaubten nicht den Einsatz von Panzerformationen. Das schlechte alpine Straßennetz schränkte den Einsatz von mechanisierten Einheiten ein oder verhinderte ihn gleich ganz.

Am 23. Juni griff ein italienisches L-Panzerbataillon die feindlichen Stellungen bei Bourg Saint Maurice an, nachdem es zwei Sperren überwunden hatte. Als zwei Panzer durch explodierende Minen verloren gingen, musste es seinen Angriff abbrechen. Am nächsten Tag wurde der Waffenstillstand zwischen Frankreich und Italien unterzeichnet, so dass die motorisierte Division »Trieste« und die Panzerdivision »Littorio« keine Möglichkeit mehr hatten, an der Offensive teilzunehmen.

Die Militäroperationen in Nordafrika (1940–1943)

Der einzige Kriegsschauplatz, der sich besonders für italienische gepanzerte und motorisierte Truppen eignete, war Nordafrika. Am 10. Juni verfügte die italienische Armee über mehrere Bataillone mit L-Panzern, aber im August kamen zwei weitere Bataillone dazu, die mit dem mittleren Panzer M 11/39 ausgestattet waren.

Diese Abteilungen nahmen an der Offensive vom 13. September auf Sidi el Barrani in Ägypten teil. Dieser Angriff erwies sich allerdings als völlig nutzlos, denn er schaffte es nicht, die einzige britische Panzerdivision zu zerstören und strategisch wichtige Stellungen einzunehmen. Die einzige Konsequenz war, dass die wenigen italienischen motorisierten Abteilungen nun erschöpft waren und sich die Nachschublage verschärfte, weil es schwierig wurde, ausreichende Lieferungen aus dem Heimatland zu erhalten. Deshalb beschloss die italienische Militärführung, die in Libyen verfügbaren gepanzerten Einheiten zu einer großen Brigade zusammenzufassen. Diese bestand aus der ersten gepanzerten Abteilung (115 leichte Panzer L 35, 72 mittlere Panzer M 11 und M 13), der zweiten gepanzerten Abteilung (140 L 35), einem selbstfahrenden Artillerieregiment, einer 7,7-cm-Flak-Gruppe, einem Motorradfahrerbataillon und einer Panzerspähwagenstaffel auf dem Fahrgestell SPA 38.

Dieser Brigade mangelte es an Transportfahrzeugen, auch besaß sie keine Werkstätten für die Reparatur von Tanks. Die sechs italienischen Infanteriedivisionen, die in Libyen eingesetzt wurden, verfügten jeweils über ein Panzerbataillon mit L 35-Panzern. Es bestand aus insgesamt 330 leichten Fahrzeugen.

Am 9. Dezember 1940 begann die britische Gegenoffensive in Nordafrika. Die italienische Führung beschloss, die Panzerbrigade zuerst nach Bardia und dann nach Ain el Gazala zurückzuziehen. Später wurde sie mit wenig Erfolg gegen die 7. Panzerdivision eingesetzt. Im Laufe der 45 Tage dauernden Offensive der Briten verlor Italien die gesamte 10. Armee. Die Lage in Tripolitanien war unhaltbar geworden. Daraufhin akzeptierte die faschistische Regierung in Rom die deutsche Militärhilfe, um auf diese Weise wieder eine starke italienische Präsenz in Libyen aufbauen zu können.

Ein britischer Panzer Crusader Mk II in Libyen im Herbst 1942. (Imperial War Museum, PD)

Am 5. Februar 1941 kamen die ersten Abteilungen des Deutschen Afrika-Korps in Tripolis an und in den darauffolgenden Tagen auch die Einheiten der italienischen Panzerdivision »Ariete«. Unter dem Kommando von General Rommel sollte Tripolitanien so gegen eine mögliche neue britische Offensive verteidigt werden. Innerhalb weniger Tage trafen 110 deutsche Panzer der 5. Leichten Division ein, dazu kamen 50 italienische M-13-Panzer, sodass Rommel einen Großangriff durchführen konnte. Die deutsch-italienischen Verbände wurden in Kampfgruppen unterteilt, die für mindestens 10 Tage mit Nachschub versorgt waren und über eine Fahrreichweite von 500 km verfügten.

Ein Propagandafoto, das einen italienischen leichten Panzer, Carro Veloce 33, in einem Gestrüpp zeigt.

Ein erster Erfolg der Truppen Rommels ereignete sich in El Mechili, wo zwei Generäle und 2000 anglo-australische Soldaten gefangen genommen werden konnten. Die italienischen und deutschen Panzereinheiten nahmen an allen Militäreinsätzen teil, die in diesem Sektor durchgeführt wurden. Ab dem späten Frühjahr 1941 bestand die Panzerdivision »Ariete« aus drei M-13-Panzerbataillonen, ausgerüstet mit einer neuen Panzermunition, sowie einem Regiment aus L-35-Panzern.

Im August 1941 wurde die »Panzergruppe Afrika« aus dem DAK (Deutsches Afrikakorps) mit der 21. (ehemalige 5. Leichte Division) und der 15. Panzerdivision sowie dem italienischen »Corpo d'Armata di Manovra«, bestehend aus den Divisionen »Ariete« und »Trieste«, einer Aufklärungsabteilung (Raggruppamento Esplorante) mit einem L-35-Panzerbataillon, einem Panzerspähwagen-Bataillon der »Polizia dell'Africa Italiana«, einer M-13-Panzerkompanie, selbstfahrenden Artilleriegruppen und zwei »Jungfaschisten«-Bataillonen, gebildet.

Im Herbst wurden die italienischen Panzertruppen mit zwei 75/18-Sturmgeschütz-Gruppen und einer Schwerartillerie-Gruppe verstärkt. Das DAK wurde durch die 90. Leichte Afrika-Division aufgewertet.

Im November begannen die Briten ihre Offensive »Crusader«, in der die deutsch-italienischen Verteidigungsstellungen umgangen werden sollten. Als Reaktion darauf plante die Achse, durch Bir el Gobi vorzurücken und dort »Ariete« einzusetzen. Diese Panzerdivision erzielte in der ersten und zweiten Schlacht bei Bir el Gobbi (18.–19. November 1941 bzw. 3.–7. Dezember 1941) ausgezeichnete Ergebnisse gegen die alliierten Panzertruppen, obwohl diese mit den schweren Panzerkampfwagen Crusader Mk VI ausgerüstet waren.

Anschließend war diese italienische Panzerdivision am überwältigenden Sieg bei Knightsbridge und der Eroberung Tobruks am 21. Juni 1942 mit dem Deutschen Afrikakorps mitbeteiligt. Während dieser Offensive erbeuteten die deutsch-italienischen Streitkräfte etwa 1000 feindliche Panzer und große Mengen an Hilfsgütern oder zerstörten sie. Anschließend führte die Panzerarmee Afrika, wie die deutsch-italienischen Truppen mittlerweile hießen, ihre Offensive erfolgreich in Richtung Ägypten weiter. Die Verteidigungsstellungen des Gegners bestanden auch aus riesigen Minenfeldern, zudem besaßen die britischen Panzereinheiten bereits den neuen US-Panzer Grant, der mit seiner 7,5-cm-Kanone über eine größere Reichweite verfügte als die deutschen und italienischen Panzer. Die Panzerarmee Afrika erreichte schließlich El Alamein, wo sich die Front im August 1942 verfestigte. Die britischen Truppen von General Bernard Montgomery gewannen die zweite und entscheidende Schlacht bei El Alamein. Dadurch waren die überlebenden deutsch-italienischen Streitkräfte gezwungen, ganz Libyen für immer zu evakuieren.

Das anglo-amerikanische Expeditionskorps unter dem Kommando von General Dwight Eisenhower war bereits am 8. November 1942 an den Küsten Marokkos und Algeriens gelandet (Operation »Torch«).
Die sich nach Tunesien zurückgezogenen italienisch-deutschen Truppen (darunter auch die 164. Leichte Division und die 10. Panzerdivision) konnten, trotz der schweren Verluste der Nachschubkonvois, der Offensive der Alliierten bis zum Frühjahr 1943 standhalten. Dann jedoch, ohne ausreichende Versorgung, wurden sie vom Gegner überwältigt. Die Deutsch-Italienische Panzerarmee Afrika kapitulierte am 13. Mai 1943, womit der Feldzug in Nordafrika beendet war. Während der beiden unglücklich verlaufenden Schlachten bei El Alamein und des anschließenden langen Rückzugs nach Tunesien gingen alle italienischen Panzertruppen verloren.

Der italienische Militäreinsatz gegen Griechenland und die Beteiligung an der Besetzung Jugoslawiens

Am 28. Oktober 1940 begannen die italienischen Streitkräfte gegen den Willen des deutschen Oberkommandos mit der Invasion Griechenlands. In Albanien befand sich bereits die Panzerdivision »Centauro«. Deren Panzerkampfwagen wurden gelegentlich zur Unterstützung der angreifenden Infanterie eingesetzt.
Ende März 1941 stellte sich Jugoslawien auf die Seite der Alliierten. Am 6. April drangen daraufhin die italienisch-deutschen Streitkräfte in Jugoslawien ein und besetzten das Balkanland innerhalb von nur 10 Tagen.
Die Panzerdivision »Centauro«, die im Gebiet von Shkodër eingesetzt wurde, wehrte einen jugoslawischen Angriff ab, der mit der Kapitulation der feindlichen Division endete. Dann rückte sie weiter in Richtung Ragusa vor, wo sie sich mit den Abteilungen der Division »Littorio« traf, die aus Rijeka kamen. Ebenfalls am 6. April 1941 marschierten deutsche Truppen in Griechenland ein, darunter befanden sich zwei von Generalfeldmarschall List kommandierte Panzerdivisionen, was zum Zusammenbruch des gesamten griechischen Widerstands und zum schnellen Abzug des an dieser Front eingesetzten alliierten Kontingents führte.
Am 17. April kapitulierte die jugoslawische Regierung, deren Armee fast vollständig vernichtet war. Etwa 343.000 Mann wurden gefangen genommen. Die italienische Armee hatte bei dieser Militäraktion zwei gepanzerte Divisionen eingesetzt. Griechenland kapitulierte am 23. April 1941.

Die Militäroperationen in Russland (1941–1943)

Am 22. Juni 1941 begannen die Deutschen und ihre Verbündeten ihren Angriff auf die Sowjetunion. Die Wehrmacht setzte ihre 17 Panzerdivisionen ein, die es zunächst schafften, die sowjetische Verteidigung zu durchbrechen und dem Feind sehr schwere Verluste zuzufügen (darunter die Zerstörung von 17.000 Panzern). Für den Einsatz in Russland stellte die italienische Armee das »Italienische Expeditionskorps in Russland« (CSIR) auf. Zu diesem gehörten die motorisierten Infanteriedivisionen »Torino« und »Pasubio« sowie die schnelle Division »Principe Amedeo Duca d'Aosta« mit einer L-35-Panzergruppe. Mitte Juli erreichten diese die Ostfront. Das Heereskorps wurde zunächst der 11. deutschen Armee zugeteilt. Das Scheitern der deutschen Offensive gegen die Sowjetunion veranlasste die deutschen Führung dazu, im Vorgriff auf die neue Offensive von 1942 von den Verbündeten größere Anstrengungen zu verlangen, und dem CSIR schlossen sich zwei weitere italienische Armeekorps an, die zusammen die 8. italienische Armee (ARMIR) bildeten.
Die Ausrüstung des CSIR war sowohl in Bezug auf Qualität als auch auf Quantität der Waffen und Transportfahrzeuge nicht ausreichend. Nach einigen Einsätzen wurde die gepanzerte Abteilung deshalb von der Front wieder abgezogen.
Das deutsche Oberkommando erkannte bald, dass der wachsende Widerstand der Russen die Existenz einer erstklassigen sowjetischen Industrieorganisation sowie umfangreicher Hilfen, insbesondere aus den Vereinigten Staaten, nahelegte. In kurzer Zeit hatte es die Rote Armee geschafft, 20 Kavallerieabteilungen in große gepanzerte Divisionen umzuwandeln.
Am 2. Oktober nahm die Heeresgruppe Mitte unter dem Generalfeldmarschall von Bock ihren Vormarsch nach Moskau wieder auf. Sie zielte, aus südwestlicher Richtung vorstoßend, direkt auf die Hauptstadt Moskau, während eine gepanzerte Gruppe ein weites Umgehungsmanöver gegen die beiden Flanken des Feindes durchführte. Am 8. Oktober wurde die Stadt Orel besetzt, und eine Woche später Kalinin entlang der Straße Moskau-Leningrad.
Am 19. Oktober verkündete Stalin den Belagerungszustand der Hauptstadt. CSIR rückte in Richtung des Industriebeckens von Donetz und des Gebietes um Rostow vor. Ende Oktober drangen italienische Truppen in Stalino ein. Moskau war damals von drei Seiten umzingelt und wurde immer wieder aus der Luft bombardiert. Dennoch kam der deutsche Vormarsch zum Stillstand. Ende 1941 stand fest,

Italienische Gebirgsjäger marschieren zur Don-Front.

General Malaguti mit italienischen Offizieren in Russland im Frühjahr 1942.

dass die deutsche Offensive gescheitert und es der Wehrmacht nicht gelungen war, die Hauptstadt der Sowjetunion zu erobern und die Rote Armee zu vernichten. Der Winter 1941/42 setzte die Beharrungsfähigkeiten der italienischen und deutschen Streitkräfte sowie ihrer Verbündeten auf eine harte Probe.

In den ersten Monaten des Jahres 1942 hielt Hitler die Eroberung Moskaus für eine große Zeitverschwendung. Stattdessen befahl er seinen Generälen, nach Norden vorzurücken, um Leningrad zu erobern, und nach Süden, um die Krim, Stalingrad und den Kaukasus zu besetzen.

Im Mai hatte die Wehrmacht die Krim, außer Sewastopol, besetzt und war dann weiter zur Wolga, in Richtung Kaukasus, vorgerückt. Seit Juli 1942 verteidigen die russischen Truppen mit Nachdruck jeden Zentimeter ihres Landes, obwohl sie schwere Verluste erlitten hatten.

Der CSIR nahm bis April 1942 am Feldzug teil, als die operativen Ziele den dringenden Einsatz von zwei weiteren italienischen Armeekorps erforderten, die mit dem CSIR in der 8. Armee zusammengeführt wurden. Diese umfasste etwa 229.000 Mann sowie motorisierte Artillerie. Im Sommer 1942 kamen ein Bersagliere-Bataillon mit Panzerkampfwagen des Typs L6 und eine 4,7-cm-Sturmgeschütz-Gruppe in Russland dazu. Sie wurden bei lokalen Unterstützungsaktionen eingesetzt.

Ab September 1942 begann die Schlacht um Stalingrad. Die Deutschen hatten diese Stadt eingeschlossen, wurden aber selber nun im Laufe der sowjetischen Gegenoffensive eingekesselt. Die ARMIR (Armata Italiana in Russia – Italienische Armee in Russland) wurde entlang des Don-Flusses auf einer Länge von 300 km eingesetzt. Auf der linken Flanke befand sich die 2. Ungarische Armee auf einer Länge von 200 km, während auf der gegenüberliegenden Flanke die 3. Rumänische Armee stand. Die überdehnte Frontlinie ging zu Lasten ihrer Robustheit.

Sowjetische Truppen wurden an den Schwachstellen der Front eingesetzt, d. h. gegen den rumänischen Sektor und gegen die Divisionen »Ravenna« und »Cosseria«. Am 16. Dezember starteten die Russen den entscheidenden Angriff. Die beiden italienischen Infanteriedivisionen setzten sich vier Tage lang gegen die Offensive von zehn motorisierten Infanteriedivisionen und zwei Panzerregimentern zur Wehr. Die sowjetischen MIG-Kampfflugzeuge führten mehr als 4000 Einsätze durch.

Das italienische 2. Armeekorps wurde komplett vernichtet. Am 19. Dezember 1942 erhielten die italienischen Truppen im Don-Tal den Befehl zum Rückzug: Dieser dauerte an bis Mitte März, dann waren die Einheiten der ARMIR wieder in Italien angelangt. Rund 74.800 Mann verloren ihr Leben. Viele von ihnen starben in russischen Gefangenenlagern. Sie hatten einem Kontingent von 229.000 Soldaten angehört, das nach Russland geschickt worden war.

Der Feldzug Italiens

Als die Alliierten am 10. Juli 1943 in Sizilien landeten, waren die einzigen gepanzerten Einheiten, die sich der Invasion entgegensetzen konnten, die Bedogni-Panzergruppe, die 15. gepanzerte Grenadierdivision und die Fallschirm-Panzerdivision »Hermann Göring«. Die letztgenannte Einheit war die stärkste, da ihr gepanzertes Regiment eine mit Tiger-Panzern ausgerüstete Kompanie besaß. Ihr Schwachpunkt war die Infanteriekomponente, die auf nur zwei Bataillone beschränkt war. Sie verteidigte den östlichen Teil Siziliens und dann auch ab dem 15. Juli den westlichen Teil. Ab dem 15. Juli wurden die beiden großen Divisionen, die 15. Gepanzerte Grenadierdivision und die Fallschirm-Panzerdivision »Hermann Göring«, im XIV. Armeekorps zusammengeführt, aber es gelang ihnen nicht, den alliierten Vormarsch zu stoppen.

In der zweiten Julihälfte trafen neue deutsche Truppen in Sizilien ein (das 3. Regiment der 1. Fallschirmjäger-Division und die 29. Panzergrenadier-Division). Diese Verstärkungen wurden ebenfalls dem XIV. Armeekorps unterstellt. Dieses stand unter dem Kommando des Generals der Panzertruppen Hans-Valentin Hube, aber es gelang ihnen nicht, den alliierten Vormarsch zu stoppen.

Die deutschen Streitkräfte erzielten bessere Ergebnisse während der Landung der Alliierten bei Salerno. Das hätte beinahe zu einem zweiten Dieppe geführt (Operation »Jubilee«: gescheiterter Landungsversuch der Westalliierten am 19. August 1942 in Dieppe, Frankreich), wenn nicht ein Teil der deutschen Einheiten aufgrund des Waffenstillstands Italiens mit den Alliierten vom 8. September in Kämpfe gegen ein italienisches motorisiertes Korps verwickelt gewesen wäre.

Nach dem Abzug der deutschen Streitkräfte von der Verteidigungslinie Cassino gab es keine Möglichkeit mehr, gepanzerte Einheiten im großen Stil zu verwenden. Der Einsatz dieser Kräfte wurde durch die Bodenbeschaffenheit und die erhöhte Wirksamkeit der Panzerabwehrmittel stark behindert. Auf diesem Kriegsschauplatz wurden stattdessen viele Panzertürme und auch ganze Panzer eingesetzt, die zur Verteidigung wichtiger Stellungen eingegraben wurden.

Finnische Panzereinheiten

während des Winterkriegs (1939–1940) und des Fortsetzungskriegs (1941–1944)

Der Napoleonische Krieg von 1808 hatte mit der Aufnahme Finnlands als Großherzogtum in das Russische Reich geendet. Zar Alexander I. gewährte dem Land, wie im Vertrag von Hamina vereinbart, große Autonomie.

Als der Erste Weltkrieg ausbrach, hob Russland die finnische Autonomie vollständig auf und kündigte die Annexion Finnlands an. Die Russische Revolution war jedoch ein starker Anreiz für separatistische Bewegungen, und am 6. Dezember 1917 proklamierte das finnische Parlament die unabhängige Republik Finnland.

Die Präsenz einer organisierten marxistischen Partei erhöhte zunehmend die Spannungen im Land und führte schließlich im Winter 1918 zum Ausbruch des Bürgerkriegs. Die Bolschewiki wurden von den weißen Truppen des Generals Mannerheim hart in Bedrängnis gebracht. Ein Militärkorps des deutschen Generals Rüdiger von der Goltz unterstützte die Weißen. Die Weißen Truppen, die die Regierung unterstützten, eroberten während des Bürgerkriegs einige gepanzerte Fahrzeuge, darunter einen FIAT-Armstrong-Whitworth (ähnlich dem Lancia 1Z-Spähpanzer) und möglicherweise zwei Austin Modell 1917-Panzerkampfwagen, die alle in Großbritannien hergestellt worden waren.

Die erste finnische gepanzerte Abteilung wurde am 15. Juli 1919 mit der Gründung eines Panzerregiments (Hyökkäysvaunurykmentti) aufgestellt. Sie verfügte über 32 moderne französische Renault FT-Panzerkampfwagen und sechs Latil-Traktoren mit Anhängern. Im Jahr 1924 wurde das Regiment zum Bataillon herabgestuft und hauptsächlich für die Ausbildung verwendet.

Erst Anfang der 1930er Jahre beschaffte das Verteidigungsministerium vier Modelle britischer leichter Panzer (Vickers-Carden-Loyd Mk VI, Vickers-Armstrong 6-Tonnen-Alternative B, Vickers-Carden-Loyd Modell 1933, Vickers-Carden-Loyd Light Amphibious), um ihre Leistung in einer Reihe von Tests zu bewerten. Das Amphibienfahrzeug wurde beinahe sofort zurückgegeben, weil seine Leistung als unzureichend angesehen wurde. Am Ende der Tests entschied man sich für den 6-Tonnen-Vickers-Armstrong, der mittelfristig die veralteten FTs ersetzen sollte.

Die finnischen Behörden ordneten aus finanziellen Gründen die Herstellung von 32 Fahrzeugen ohne Kanone und optisches System an. Aufgrund einer Produktionsverzögerung kam das erste Fahrzeug erst zwei Jahre nach Auftragserteilung in Finnland an. Die beiden anderen britischen Gefährte wurden als Trainingsfahrzeuge eingesetzt. Ebenfalls 1936 kaufte das schwedische Unternehmen AB Landsverk einen Panzerspähwagen des Typs L-182, der einer Reihe von Tests unterzogen wurde. Später wurde er einer Kavalleriebrigade zugeteilt.

Bei Ausbruch des Zweiten Weltkriegs forderte die Sowjetunion Finnland auf, die Grenze in Karelien zu korrigieren und russische Militärbasen an der Südküste Finnlands zu erlauben. Als Finnland dies am 30. November 1939 verweigerte, reagierte die Sowjetunion mit der Invasion Finnlands. Die Rote Armee startete die Kampagne mit über 2500 leichten und mittleren Panzern verschiedener Typen, aber Finnland hatte nur 60 Fahrzeuge, einschließlich der 26 unbewaffneten Vickers 6-ton. Nach Kriegseröffnung wurden sie mit einer 3,7-cm-Bofors-Kanone ausgestattet.

Im Dezember 1939 wurde das Regiment aufgelöst und durch ein Panzerbataillon mit vier Kompanien (zwei mit dem veralteten Renault FT und zwei mit dem Vickers 6-ton) ersetzt. Die finnische Armee hatte nur zehn Divisionen, die unter der Führung von Mannerheim tapfer gegen die feindlichen Truppen kämpften. Russland unterhielt zahlreiche Armeen mit großer Feuerkraft, sodass die finnische Armee die einzig praktikable Taktik gegen die Sowjets anwandte, welche als »Motti« (Einkesselung) Bekanntheit erlangte. In dieser mussten die So-

Winterkriegs-Gedächtnisausstellung in einem Pavillon in Helsinki (27. September – 9. November 1941), wo verschiedene Panzer und Artilleriegeschütze ausgestellt waren. Das erste Foto zeigt einen der FT-17 der finnischen Armee und das zweite Foto einen der zahlreichen russischen leichten Amphibienpanzer T-37/T-38, die während des oben erwähnten Konflikts erbeutet worden waren. (SA-Kuva Fotoarchiv, Fotonummer 50083, 50113)

Ein finnischer Vickers 6-Tonnen-Wagen während einer Kriegsübung im Sommer 1939. Dieses Foto zeigt das koaxiale Maschinengewehr M/09-31 und die 3,7-cm-Kanone Puteaux, die vorübergehend in einem alten FT-17 eingebaut waren. (SA-kuva Fotoarchiv, Fotonummer 147).

Ein finnischer Panzer testet Ende September 1943 eine neue Panzersperre. (SA-Kuva Fotoarchiv, Fotonummer 138959)

wjets jeder Möglichkeit beraubt werden, sich zurückziehen zu können oder Verstärkungen oder Vorräte zu erhalten. Die Entschlossenheit der finnischen Soldaten führte dazu, dass sowjetische Verbände mehrmals besiegt werden konnten, wie z. B. in der Schlacht von Suomussalmi.
Die finnische Armee benutzte nur einmal ihre Panzertruppen, genauer gesagt die 4. Kompanie mit 13 Vickers-Tanks, und zwar während der Schlacht von Honkaniemi am 26. Februar 1940, um die Kontrolle über die Stadt zurückzuerlangen. Dieser Einsatz war aber ein völliger Misserfolg, weil die Besatzungen keinerlei Erfahrungen besaßen. Im Laufe der Schlacht gingen mindestens sechs bis sieben Fahrzeuge verloren. Am 2. März 1940 fiel die strategische Festung Vipuri (Wyborg) und die beiden Kombattanten begrüßten die Vermittlung der skandinavischen Staaten, die am 12. März 1940 zum Frieden von Moskau führte.

Als Ergebnis dieser Vereinbarungen wurde eine Grenze festgelegt, die ungefähr derjenigen entsprach, die 1721 durch den Vertrag von Nystad entstanden war. Doch die Unzufriedenheit in Finnland war nach dem Moskauer Frieden groß. Das innenpolitische Klima wurde durch die Anwesenheit von etwa 400.000 Flüchtlingen im Land angeheizt, von denen die überwiegende Mehrheit arbeitslos war. Sie kamen aus ehemals finnischen Gebieten, die jetzt von der UdSSR annektiert worden waren.
Während des Winterkrieges verlor die Rote Armee hunderte gepanzerte Fahrzeuge. Die finnische Armee hatte mehr als 150 Panzerkampfwagen und 21 Panzerspähwagen verschiedener Modelle, von denen etwa 110 von den *Panssarikeskuskorjaamo* (Armour Centre Repair Shop) in Varkaus repariert werden konnten. Sie dienten zur Verstärkung des Panzerbataillons.
In Finnland herrschte ein antisowjetisches politisches Klima, weshalb sich die Finnen zunehmend offen für eine Einigung mit Deutschland gegen die UdSSR aussprachen. Das skandinavische Land wurde ein Verbündeter Deutschlands und die finnische Regierung versprach ihrem Volk die Rückgewinnung der vom Feind besetzten Territorien.
Anfang Juni 1941 wurde die Abteilung mit 26 Vickers-6, bewaffnet mit sowjetischen 4,5-cm-Kanonen des Kalibers 45, 34 T-26 (zehn vom Modell 1931, 20 vom Modell 1933, vier vom Modell 1937), zwei T-28, zwei OT-26, vier OT-130, 42 T-37/38 und sechs Flakpanzern der schwedischen Firma AB Landsverk ausgestattet. Das Bataillon bestand aus vier Panzerkompanien (z. B. zwei oder drei T-26 M. 1931, sechs T-26 M. 1933 oder M. 1937, sechs bis sieben Vickers 6 t), einem schweren Panzerzug (zwei T-26 und zwei T-28), einem Flammenwerferzug (mit zwei OT-26 und vier OT-130), drei Panzerspähwagenzügen sowie Aufklärungszügen mit leichten Amphibienpanzern T-37 oder T-38. Nach der Niederlage

Ein finnischer Panzer T-28 innerhalb eines Waldes. (SA-Kuva Fotoarchiv, Fotonummer 24413)

Ein finnischer KV-1 überwindet eine Panzersperre bei einer Übung 1943. (SA-Kuva Fotoarchiv, Bildnummer 139959)

In den Werkstätten in Varkaus wurden am 1. April 1940 erbeutete feindliche Panzer repariert. (SA-Kuva Fotoarchiv, Fotonummer 7855)

verbesserte die finnische Armee die Zusammenarbeit zwischen Infanterie und gepanzerten Einheiten durch eine bessere Ausbildung.

Am 26. Juni 1941 erklärte die finnische Regierung der Sowjetunion den Krieg (Fortsetzungskrieg), die mehrere militärische Ziele aus der Luft hatte bombardieren lassen. Die finnische Armee führte eine Großoffensive durch, um die verlorenen Gebiete zurückzugewinnen, nämlich die Landenge Kareliens mit der Stadt Viipuri und einen großen Landstreifen nördlich des Ladogasees auf einer Gesamtfläche von 64.750 km^2. Das Panzerbataillon war an einigen Operationen beteiligt, sowohl nördlich des Ladoga-Sees als auch in Karelien, wo es die Infanterie bei Eroberung der Stadt Petrosawodsk unterstützte.

Bereits zu Beginn des Herbstes hatten die finnischen Truppen die Kontrolle über diese Gebiete wiedererlangt, aber erst am 6. Dezember 1941 befahl Marschall Mannerheim die Einstellung der Offensive. Während dieser fünf Monate eroberten die Finnen zahlreiche andere russische Panzerfahrzeuge, z.B. zwei neue T-34/76 und zwei KV-1, die nach den notwendig gewordenen Reparaturen wiederverwendet wurden.

Zu Beginn des Jahres 1942 wurde ein zweites Panzerbataillon (beide bestanden zu diesem Zeitpunkt aus je drei Panzerkompanien) gebildet, doch am 10. Februar entstand eine autonome Panzerbrigade, der später ein Sturmgeschütz-Bataillon (anfangs ausgestattet mit 18 Sturmgeschützen BT-42 und ab 1943 mit 30 StuG III) zugeordnet wurde.

Gegen Ende Juni 1942 bildete sich die erste und einzige Panzerdivision als Verband jenseits der Panzerbrigade und bestand aus zwei Panzerbataillonen, einem Sturmgeschützbataillon, einer Jägerbrigade mit drei Bataillonen, einem Artillerie-Regiment, einem Panzerabwehr-Artillerie-Bataillon, einem Pionierbataillon, einer Batterie mit sechs Flugpanzern und verschiedenen Hilfsverbänden.

Die Division kam in Ostkarelien in die Reserve. Bis in die ersten Monate des Jahres 1944 wurde sie selten im Kampf ein-

Eine Kolonne bestehend aus sechs StuG III-Panzerfahrzeugen der finnischen Armee. (SA-Kuva Fotoarchiv, Bildnummer 151588)

Sechs Panzer bilden diese Fahrzeugkolonne der finnischen Armee. (SA-Kuva Fotoarchiv, Fotonummer 151591)

Ein finnischer mittlerer Panzer T-34. (SA-Kuva Fotoarchiv, Fotonummer 35672)

gesetzt. Während dieser langen Zeit wurden ihre Abteilungen intensiv geschult. Auf diese Weise entstand aus dieser Division eine der besten Großeinheiten der finnischen Armee.
Am 10. Juni 1944 startete die Sowjetarmee eine Großoffensive in der Karelischen Landenge, in der rund 440.000 Soldaten und über 800 Panzer und gepanzerte Fahrzeuge stationiert waren, was die finnischen Verteidiger in ernsthafte Schwierigkeiten brachte. Die Panzerdivision erlitt durch das Übergewicht der feindlichen Streitkräfte schwere Verluste.
Die Panzer T-26 und T-26 E waren überholt angesichts moderner sowjetischer Panzer wie T-34 und KV-1. In den ersten zwei Monaten der sowjetischen Offensive verlor die Division etwa 25 T-26 verschiedenster Versionen und acht StuG III, dennoch zerstörte das Sturmgeschützbataillon über 50 feindliche Panzer.
Finnland sah sich zunehmend isoliert und verstärktem militärischen Druck ausgesetzt. Die Regierung unterzeichnete im September 1944 in Moskau einen Waffenstillstand, der die Bedingungen der Abkommen von 1940 in der Praxis bestätigte und Finnland mit einer Verschuldung von 300 Millionen US-Dollar zugunsten der UdSSR belastete.
Der Waffenstillstand verlangte von den Finnen, die auf finnischem Territorium noch vorhandenen deutschen Verbände des Landes zu verweisen: Während die Evakuierung der im Süden des Landes stationierten deutschen Truppen auf Befehl erfolgte, kam es im Norden des Landes bald zu bewaffneten Zusammenstößen zwischen den beiden ehemaligen Verbündeten. Dies führte zum Beginn des kurzen Lappland-Krieges.
Nach den Waffenstillstandsvereinbarungen mit der UdSSR musste Finnland einen Großteil seiner Armee schrittweise demobilisieren. Die finnische Panzerdivision wurde Ende Oktober 1944 zuerst in Reserve gestellt und dann nach und nach abgebaut.

Deutschland lieferte 1944 15 Panzer IV Ausf. J an die finnische Armee. Das Foto zeigt zwei Panzer IV Ausf. J. am 23. Juni 1944. (SA-Kuva Fotoarchiv, Fotonummer 155152)

Slowakische Panzereinheiten

Im März 1939 wurde aus der Slowakei nach der Lossagung von Tschechien ein faschistischer Staat mit einer eigenen Armee, die mit Kriegsmaterial der tschechoslowakischen Streitkräfte aufgebaut wurde. Die neue Armee kam in den Besitz von mindestens 52 Panzerkampfwagen Skoda LT vz 35 der 3. Schnellen Division. Neun dieser Panzer befanden sich in den Skoda-Werken, um repariert zu werden, die Wehrmacht die Tschechische Republik besetzte und die Fahrzeuge beschlagnahmte.

Der Territorialstreit mit dem benachbarten Ungarn eskalierte zwischen dem 23. März und Anfang April 1939 und führte zu einer kurzen bewaffneten Auseinandersetzung. Ungarn griff die Slowakei ohne Kriegserklärung an. Die slowakische Armee wurde militärisch gedemütigt. Nach dem ungarischen Angriff beschlossen viele tschechische Soldaten, die dem neuen slowakischen Staat den Rücken gekehrt hatten, zu ihren ehemaligen Einheiten in der Slowakei zurückzukehren. Während eines Geheimtreffens mit hohen Vertretern des Hitler-Regimes am 20. und 21. Juli 1939 erklärte sich die slowakische Regierung bereit, sich an der bevorstehenden Invasion Polens zu beteiligen. Die slowakische Regierung erlaubte den deutschen Truppen, ihr Territorium vor und während der Offensive zu passieren. Sie mobilisierte ihre Streitkräfte und schuf eine neue Feldarmee mit dem Codenamen »Bernolak«, die drei Infanterie-Divisionen, die motorisierte Einheit »Kalinciak« und eine Panzerkompanie mit 13 LT vz 35-Panzern umfasste. Diese Armee war der 14. Deutschen Armee unterstellt, die 11 Divisionen besaß und unter denen sich zwei Panzerdivisionen befanden.

Die 1. Infanterie-Division besetzte die Stadt Zakopane und einige kleine Dörfer in der Nähe der Grenze, bevor sie ihren Vormarsch am 7. September stoppte (da befand sie sich bereits 30 km weit auf polnischem Territorium). Die zweite Division wurde in Reserve gehalten. Die dritte und letzte Division schützte die slowakische Grenze gegen feindliche Angriffe. Während dieser Offensive gab es 48 Tote und Vermisste sowie 114 Verletzte. Nach langwierigen Verhandlungen akzeptierte Berlin die Lieferung von 53 leichten Panzern (32 PzKpfw 38 (t) Ausf. S und 21 LT vz 40) an die Slowakei, was die Schaffung eines Panzerbataillons ermöglichte, das Teil der Schnellen Mobilen Gruppe wurde.

Am 22. Juni 1941 griff das Deutsche Reich die UdSSR an, und vier Tage später beteiligte sich die Slowakei mit ihrem eigenen Truppenkontingent, der Slowakischen Expeditionsarmeegruppe, die direkt dem Verteidigungsminister Ferdinand Catlos unterstand. Dieses Armeekorps umfasste etwa 45.000 Soldaten, aber es fehlte ihr an Logistik, insbesondere Transportfahrzeuge waren knapp. Deshalb konnte es nicht so schnell vorankommen wie die deutschen Armeen. So wurde beschlossen, eine motorisierte Brigade (auch bekannt als »Pilfousek«-Brigade) aufzustellen, die schnell genug war. Zu ihr gehörte ein Panzerbataillon (mit zwei Panzerkompanien und zwei Panzerabwehrkompanien), ein motorisiertes Infanteriebataillon, ein motorisiertes Artilleriebataillon, ein Aufklärungsbataillon, eine Motorradkompanie und ein motorisierter Pionierzug.

Im Juli rückte die Brigade in die Stadt Winnyzia und dann nach Lipowets in der Zentralukraine vor, wo diese Einheit

Ein Panzer Lt. vz 35 mit Tarnbemalung. (Sammlung F. Regazzoni)

schwere Kämpfe mit sowjetischen Truppen überstehen musste. Anschließend zog die Brigade nach Norden in die Region Kiew. Anfang August wurde das slowakische Expeditionskorps aufgelöst. An seiner Stelle entstanden zwei Infanterie-Divisionen, die erste an der Front als große mobile Einheit und die zweite im Hinterland für Sicherungsaufgaben.
Die erste große Einheit war als slowakische Schnelle Division bekannt. Seit Mitte September operierte sie im Raum Kiew. Nach dessen Eroberung manövrierte die Division entlang des Dnjepr-Ufers, wo vor allem im Oktober schwere Kämpfe stattfanden. Im Winter 1941–1942 befand sie sich an der Frontlinie in der Nähe der ukrainischen Hafenstadt Maripol. Die Division beteiligte sich am deutschen Vormarsch im Kaukasus, wo sie eine wichtige Rolle bei der Besetzung der sowjetischen Stadt Rostow spielte.
Nach der Stalingrad-Katastrophe, im Winter 1942/43, waren die deutschen Stellungen im Kaukasus prekär geworden. Die slowakische Schnelle Division hielt sich von diesem Gebiet fern, um eine Einkesselung durch die zahlenmäßig überlegenen sowjetischen Truppen in der Nähe von Saratowskaja zu vermeiden. Die überlebenden Einheiten wurden in die Kuban-Region gebracht, wo sie gezwungen waren, all ihr schweres Gerät und ihre Waffen zurückzulassen.
Ab Oktober 1943 operierte die 2. Slowakische Division zunächst an der italienischen Front und war dann im rückwärtigen Bereich mit Garnisonsaufgaben und dem Bau von Befestigungswerken betraut. 1944 lieferte die Wehrmacht 60 Panzer in die Slowakei (37 PzKpfw 38(t), 16 PzKpfw II Ausf. F und 7 PzKpfw III Ausf. N) und 18 SdKfz 138 Marder, um eine neue gepanzerte Einheit aufzubauen, aber es war zu spät.
Den slowakischen Nationalaufstand gegen die Regierung unterdrückten im August 1944 deutsche Truppen, die vom Tiso-Regime zu Hilfe gerufen worden waren. Anschließend besetzte die Wehrmacht die Slowakei, musste sich in den folgenden Monaten jedoch nach dem Vormarsch der Roten Armee und rumänischer Abteilungen aus dem Land zurückziehen. Am 4. April 1945 übernahm die Rote Armee die Kontrolle über Bratislava und den Rest des Landes.

Ungarische Panzereinheiten

Am Ende des Ersten Weltkriegs, im November 1918, wurde die Republik Ungarn ausgerufen. Angesichts der übertriebenen Forderungen der Kriegsgewinner trat die von Graf M. Károly geführte Regierung im März 1919 zurück.

Eine Parade der ungarischen Panzer C.V. 33.

Dann wurde eine kommunistische Regierung gebildet, die eine Räterepublik nach sowjetischem Muster unter dem Vorsitz des kommunistischen Führers B. Kun ausrief. Diese Regierung blieb einige Monate an der Macht und wurde dann von den konterrevolutionären Kräften unter Admiral M. Horthy von Nagybánya vertrieben. Im Februar 1920 wurde ein konservativ dominiertes Parlament gewählt und die Monarchie wieder eingeführt. Horthy wurde zum vorläufigen Staatsoberhaupt und Regenten ernannt.
Am 4. Juni 1920 unterzeichnete die ungarische Regierung den Friedensvertrag von Trianon, mit dem Ungarn die Slowakei und Rutenien an die Tschechoslowakei, Siebenbürgen und einen Großteil des Banats an Rumänien, Kroatien und Slawonien an Jugoslawien abtreten musste, und alle Rechte an Rijeka und den angrenzenden Territorien verlor. Darüber hinaus war das Land gezwungen, die Kriegskosten zu erstatten, während gleichzeitig die Armee auf 35.000 Mann reduziert wurde.
Im Mai 1922 trat eine neue Armeeorganisation in Kraft, die das Land in sieben Militärbezirke aufteilte, zu deren Verteidigung jeweils eine gemischte Brigade vorgesehen war. Darüber hinaus gab es zwei Kavalleriebrigaden und drei Pionierbataillone. Der Friedensvertrag gestattete es Ungarn, Panzerspähwagen für seine Polizei zu kaufen.
Nach Angaben einiger Forscher erwarb Ungarn vor der Unterzeichnung des Waffenstillstands ca. zehn leichte Kampfwagen II, die mehr als zwei Jahrzehnte lang im Dienst blieben, bevor sie durch die leichten *Toldi*-Panzer ersetzt wurden.

Der Prototyp des leichten Panzers V 4. (Sammlung F. Regazzoni)

Das Inspektionsteam der Alliierten Militärkommission verließ Ungarn 1927. Danach durften die Fahrzeuge in Betrieb genommen werden. Im darauffolgenden Jahr begann die ungarische Armee (Honved) ein bescheidenes Aufrüstungsprogramm. Zu diesem gehörte die Schaffung einer gepanzerten Abteilung mit drei Tanketten des Typs Carden-Lloyd Mk IV, elf Leichtpanzern (fünf italienischen Fiat 3000 B und sechs schwedischen M/21-29) sowie verschiedenen Modellen von Panzerspähwagen. Dabei wurden die gepanzerten Fahrzeuge unter Umgehung des Friedensvertrags als Polizeiausrüstung getarnt.
Die diplomatischen Beziehungen zwischen Ungarn und dem Königreich Italien wurden anschließend durch den am 5. April 1927 geschlossenen Freundschaftsvertrag gestärkt. Honved beauftragte 1934 die italienische Firma Ansaldo mit der Lieferung von 30 C.V. 33 und zwei Jahre später von 104 bis 110 C.V. 35 Tanketten. Diese Fahrzeuge wurden an sieben Kompanien geliefert, von denen drei der 2. motorisierten Brigade und der Rest der 1. und 2. Kavalleriebrigade (zwei für jede Brigade) zugeordnet waren.
1936 führte Schweden eine Reihe von Tests mit dem leichten Panzer L-60 durch. Im folgenden Jahr wurde eine Vereinbarung über eine Lizenzproduktion getroffen. In der Zwischenzeit entwickelte der Ingenieur Nicholaus Straussler den modernen Panzerspähwagen *Csaba* und den Tank V-4, aber Letzterer verlor im direkten Vergleich gegen den L-60, der in Toldi umbenannt wurde. Die ungarische Version war mit der 2-cm-Panzerbüchse (Panzerabwehrwaffe) Solothurn S-18 100 und einem koaxialen Maschinengewehr 34/37 M bewaffnet.
1938 wählte Hoved die MÁVÁG- und GANZ-Industrie für die Produktion der 80 Toldi-Panzer. Neben der Lieferung von Komponenten leisteten Deutschland und Schweden zudem wichtige Unterstützung bei der Herstellung. Das erste Toldi-Fahrzeug wurde im März 1940 fertig gestellt. Mit diesem Panzer wurden einige Kompanien der beiden Kavalleriebrigaden ausgerüstet.
Am 5. März 1938 kündigte Premierminister Kálmán Darányi das Programm Györ zum Ausbau der Streitkräfte an. Dies zielte wahrscheinlich darauf ab, eine rasche Einigung mit den Kleinen Entente-Staaten (Tschechoslowakei, Jugoslawien und Rumänien) über eine Rüstungsgleichstellung zu erreichen, was durch das Bled-Abkommen im August 1938 dann auch geschah.
Die Reorganisation der Armee begann am 1. Oktober 1938 im Rahmen der Mobilisierungspläne Huba I–III. In den sieben Militärbezirken waren die gemischten Brigaden nun zu Armeekorps von je drei Brigaden zusammengefasst. In dieser Zeit wurde das ungarische Schnelle Armeekorps gegründet, das zunächst zwei Panzerbataillone und zwei normale Bataillone umfasste. Sie wurden später in vier Aufklärungspanzerbataillone umgewandelt.
Im Jahr 1938 stattete Admiral Horthy Deutschland einen offiziellen Besuch ab. Hitler bat um die militärische Beteili-

Zwei ungarische leichte Panzer des Typs M38 Toldi während einer Parade.

gung Ungarns an der von ihm geplanten Zerschlagung der Tschechoslowakei: Horthy widersetzte sich jedoch einer Verpflichtung dazu. Nach der Münchner Konferenz 1938 stellten die Ungarn ihre Gebietsforderungen direkt an die tschechoslowakische Regierung, doch die sich anschließenden Verhandlungen scheiterten.

Prag und Budapest wandten sich an Hitler und Mussolini. Das anschließende Schiedsverfahren in Wien am 2. November 1938 brachte den Ungarn 11.927 Quadratkilometer Land mit einer Million Einwohnern zurück (84% davon waren Ungarn). Horthy nutzte die Zerstückelung der Tschechoslowakei, um am 15. März 1939 ganz Karpato-Ruthenien zu besetzen: Auf diese Weise kam Ungarn zu einer gemeinsamen Grenze mit Polen, wovon Hitler nicht begeistert war.

Der Einsatz von ungarischen Truppen und ihren gepanzerten

Rückansicht des ungarischen Panzerwagens 39M Csaba. (Fortepan/Tibor, CC-BY-SA-3.0)

Einheiten führte in dem kurzen bewaffneten Konflikt mit der Slowakei zwischen dem 23. und 31. März 1939 dazu, dass das Balkanland einen Landstreifen in der Ostslowakei mit einer Gesamtfläche von 12.061 km^2 und einer Bevölkerung von 588.000 Einwohnern besetzen konnte. Von dem Schnellen Armeekorps nahmen an diesen Operationen die 1. und 2. Kavalleriebrigade (jede mit zwei Tankettenkompanien) und die 2. motorisierte Brigade (mit einem Zug von Fiat 3000B-Panzern und drei C.V.-33/35-Tankettenkompanien) teil.

Im Zweiten Wiener Schiedsspruch (Ciano-Ribbentrop-Schiedsverfahren) wurde ein Teil Transsylvaniens (Siebenbürgen) im August 1940 an Ungarn zurückgegeben. Ungarn erhielt hierbei ein Territorium von 43.104 km^2 mit 2,4 Millionen Einwohnern. In der besetzten Region wurde zur Verteidigung des Landes ein achtes Armeekorps aufgestellt. Das Schnelle Armeekorps bestand zu dieser Zeit aus zwei motorisierten Brigaden und einer Kavalleriebrigade. Die deutschen Blitzsiege in den Jahren 1939–1940, die ganz wesentlich durch den Einsatz von Panzern zustande kamen, überzeugten die ungarische Armee, ihre Panzereinheiten zu vergrößern. Zu diesem Zweck bestellte Honved eine zweite Serie von Toldi-Panzern (bezeichnet als 38M Toldi II), deren Produktion im Frühjahr 1941 begann und Ende 1942 endete. Insgesamt wurden 110 Fahrzeuge produziert.

Nach einer Reihe von Tests, die im Sommer 1940 durchgeführt wurden, erwarb die ungarische Regierung das Recht, den tschechoslowakischen Panzer T-22 in Lizenz herzustellen. Das Fahrzeug wurde erheblich modifiziert, um den Anforderungen von Honved nachzukommen. Der Turm wurde erweitert, um drei Besatzungsmitglieder aufnehmen zu können. Die erste Version besaß einen von Manfred Weisz entwickelten Motor mit einer Leistung von 260 PS.

Seine Bewaffnung bestand aus einer 4-cm-Kanone 41M Kaliber 51 (ex Skoda A17) und zwei 8-mm-MG 34/37. Im Au-

gust 1941 wurde der erste Prototyp fertig gestellt und erhielt die Bezeichnung 40M Turan I. Im selben Jahr wurde die zweite Variante des Turan vorgestellt. Diese verfügte über eine 7,5-cm-Kurzrohrkanone von MAVAG.
Am 27. September 1940 unterzeichneten die Vertreter Deutschlands, Japans und Italiens den Dreimächtepakt, der im Wesentlichen ein Abkommen über die Zusammenarbeit der drei Staaten bei der Umsetzung ihrer jeweiligen Einflusssphären darstellte. Ungarn bewarb sich um den Beitritt zum Dreimächtepakt, was dann auch mit der Unterzeichnung des Vertrags am 20. November 1940 geschah.
Das Schnelle Armeekorps nahm mit der 1. und 2. motorisierten Brigade sowie der 2. Kavalleriebrigade am Einmarsch in Jugoslawien im April 1941 teil und hatte dabei nur vernachlässigbar geringe Verluste zu verzeichnen. Jede Brigade besaß ein Panzerbataillon mit 20 Toldi- und 20 L-35-Panzern sowie 10 Panzerspähwagen vom Typ Csaba. Die Ungarn besetzten die Vojvodina, eine Provinz nördlich von Belgrad. Mit dieser Annexion gaben sie sich zufrieden.
Der Überfall Deutschlands auf Russland erfolgte am 22. Juni 1941. An den ersten militärischen Operationen beteiligten sich die ungarischen Streitkräfte aber nicht. Die ungarische Regierung entschloss sich nur widerwillig zur Teilnahme an diesem Feldzug. Ein sowjetischer Luftangriff auf eine ungarische Grenzstadt vier Tage später diente als Vorwand für die ungarische Kriegserklärung am 27. Juni 1941 an Russland.
Der ungarische Generalstab beschloss, das Schnelle Armeekorps mit den gleichen Einheiten wie in Jugoslawien in die Ukraine zu schicken (81 Toldi I, 60 C-33/35 und 48 Csaba). Die ungarischen Einheiten operierten im südlichen Frontbereich, genauer gesagt entlang des Flusses Donets, rund 1000 km von den eigenen Landesgrenzen entfernt. Um die dort erlittenen Verluste zu ersetzen, wurden weitere 14 Toldi- und neun L-35-Panzer sowie fünf Csaba-Aufklärungspanzer in die Ukraine geschickt. Diese Einheiten wurden in schwere Kämpfe verwickelt und erlitten hohe Verluste an Menschen und an Material, bevor sie am 15. November 1941 in die Heimat zurückkehrten.
Manchen Schätzungen zufolge gingen alle Tanketten verloren und mindestens 65 % der leichten Panzer erlitten bei den Kämpfen Schäden oder hatten technische Probleme. Die meisten von ihnen konnten wieder repariert werden. Die leichten Toldi-Panzer waren jedoch nur noch als gepanzerte Aufklärungsfahrzeuge einsetzbar.
Bereits im Vormonat hatte die ungarische Armee beschlossen, das Schnelle Armeekorps mit der Aufstellung von zwei Panzerdivisionen und einer Kavalleriedivision durch die Umwandlung von drei Brigaden neu zu organisieren. Die Aufstellung nahm einige Zeit in Anspruch, da fast alle Panzer an der russischen Front eingesetzt wurden und der neue mittlere Panzer Turan I sowie der Flakpanzer *Nímrod* noch nicht in Produktion waren. Ungarn musste trotz begrenzter finanzieller Mittel Panzer in Deutschland kaufen, um seine erste Division ausstatten zu können.
Deutschland wollte jedoch seine neuesten Panzertypen nicht an die Ungarn verkaufen. Schließlich erhielt Honved 102 Skoda Lt vz 38 (als PzKpfw 38(t) Ausf. F und Ausf. G), die zwischen November 1941 und März 1942 geliefert wurden, außerdem acht Panzerbefehlswagen I sowie 22 PzKpfw IV Ausf. F 1 mit der kurzen 7,5-cm-Kanone. Das letzte Modell wurde von der ungarischen Armee als schwerer Panzer betrachtet.
Am 6. Dezember 1941 erklärte Großbritannien Finnland, Rumänien und Ungarn den Krieg. Horthy beschloss, das ungarische Engagement für zukünftige Aktivitäten in Russland zu begrenzen. Nach langen Verhandlungen zwischen Berlin und Budapest wurde schließlich beschlossen, dass Honved eine zweite Armee mit drei Armeekorps (jeweils bestehend aus drei leichten Infanteriedivisionen) und die 1. Panzerdivision an die südliche Sowjetfront schicken würde.
Am 24. März 1942 wurde die 1. Panzerdivision (1. magyar páncéloshadosztály) durch Umwandlung der 1. motorisierten Brigade gebildet. Dieser Großverband bestand aus einem Panzerregiment mit zwei Bataillonen, einem motorisierten Infanterieregiment mit drei Bataillonen, einem Artillerieregiment (zwei Gruppen mit 10,5-cm-Geschützen, eine mit 15-cm-Geschützen), einem gepanzerten Aufklärungsbataillon, zwei Flakbataillonen, einem Geniebataillon, einem Pionierbataillon und anderen Unterstützungseinheiten.
Das Panzerregiment verfügte zunächst über zwei Panzerbefehlswagen, 84 PzKpfw 38(t) und 22 PzKpfw IV. Die letzten Fahrzeuge galten als schwere Panzerkampfwagen. Das Aufklärungsbataillon hatte eine Panzerkompanie mit 17 Toldi-Panzern und eine Panzerspähkompanie mit 18 Csaba-Aufklärungspanzern. Das 51. Flugabwehr- und Panzerabwehrbataillon besaß drei Batterien mit insgesamt 19 Nímrod-Flakpanzern. Der Transfer der Armee nach Russland erfolgte zwischen dem 11. April und Ende Juli 1942. Die 10 ungarischen Divisionen nahmen Stellungen zwischen der 2. Armee und der 4. Armee der Wehrmacht ein.
Am 28. Juni 1942 begann Deutschland mit der Operation »Fall Blau« seine Offensive gegen Stalingrad. Ungarische Truppen am Don und ebenso Russen versuchten jeweils Brückenköpfe bei Uryv, Karotyak und Stutye zu errichten. Die ungarische Panzerdivision nahm an der ersten Schlacht von Uryv am 27. Juli teil und konnte dabei etwa 21 sowjetische T-34-Panzer vernichten. Am 10. August versuchte das 3. ungarische Armeekorps vergeblich, die sowjetischen Verteidigungsstellungen bei Uryv zu überwinden und erlitt dabei schwere Verluste.
Deutsche Kommandanten planten den dritten Angriff auf Uryv besser. An dieser dritten Schlacht nahmen vier leichte Infanteriedivisionen teil, die von der ungarischen 1. Panzerdivision und einer deutschen Division des XXIV. Armeekorps unterstützt wurden. Nach fünf Tagen blutiger Kämpfe wurde die Operation abgebrochen. Im September 1942 kaufte Honved modernere Panzerkampfwagen aus Deutschland (10 PzKpfw III, 10 PzKpfw IV Ausf. F und fünf Jagdpanzer Marder), die in die Ukraine geschickt wurden, um die Verluste zu ersetzen.
Ab Mitte September 1942 stand die 2. ungarische Armee in Defensivstellung am Don. Die Wehrmacht entsandte einige

Ein ungarischer Panzer Turan I. (Foto: Fortapan/Tivadar, © CC-BY-SA-3.0)

größere Verbände, um die ungarische Stellung zu verstärken. Die 1. ungarische Panzerdivision wurde zusammen mit der deutschen 168. Infanteriedivision in die Reserve gestellt. Am 3. Januar 1943 begann die Rote Armee eine Großoffensive gegen die schwächsten Formationen, die 2. ungarische Armee und die 8. italienische Armee, um die feindlichen Verteidigungsanlagen zu überwinden. Die Infanteriedivisionen der 2. Armee wurden vollständig vernichtet. Die Panzerdivision konnte die Einkesselung durchbrechen, verlor dabei allerdings 75% der Mannschaft und fast alle Panzer (lediglich drei Toldi- und drei Nímrod-Fahrzeuge blieben übrig).
Diese Katastrophe überzeugte die ungarische Armee davon, dass die erste Version des Turan-Panzers wegen seiner begrenzten Panzerung und seiner unzureichenden Feuerkraft mittlerweile veraltet war. Daraufhin wurde eine dritte Version des Turan gebaut und ein neues Sturmartilleriebataillon aufgestellt. Die ungarischen Ingenieure entwickelten derweil die Sturmgeschütze 44M Zrinyi I (bewaffnet mit einer 7,5-cm-Langkanone des Kalibers 43) und 43M Zrinyi II mit einer 10,5-cm-MAVAG-Haubitze 40/43M des Kalibers 20,5. Honved plante, acht Bataillone mit 30 Fahrzeugen aufzustellen (davon drei Kompanien mit 21 Zrinyi I und eine Kompanie mit 9 Zrinyi II). Das erste dieser Bataillone wurde im Juli 1943 gebildet.
In der Zwischenzeit fuhr Honved mit der Wiederaufstellung der 1. gepanzerten Division fort und führte die der 2. Division zum Abschluss. Ein Panzerregiment bestand aus zwei gemischten Bataillonen (zwei Kompanien mit 34 Turan I-Panzern und einer 4-cm-Kanone, zwei Kompanien mit 22 Turan II-Fahrzeugen mit einer 7,5-cm-Kanone) und einer gewissen Anzahl an Toldi-Panzern. Das Infanterieregiment besaß keine gepanzerten Fahrzeuge. Das selbstfahrende Flakbataillon verfügte über 17 Nímrod-Flakpanzer. Die Kavalleriedivision hatte nur ein Fahrzeug- und ein Motorradfahrer-Bataillon, darunter eine Panzerwagenkompanie und eine Nímrod-Batterie. Das ungarische Regime führte unterdessen Geheimverhandlungen mit Großbritannien und den Vereinigten Staaten, um einen Waffenstillstand abschließen zu können. Doch von diesem Plan erfuhr Berlin am 14. März 1944. In den folgenden Märztagen wurde das Land von deutschen Truppen besetzt und Berlin etablierte anschließend eine Marionettenregierung unter der Leitung von Premierminister Döme Sztojav in Ungarn. Die Produktion von Militärfahrzeugen wurde drastisch reduziert.
Im April 1944 wurde die 1. Ungarische Armee mit der 2. Panzerdivision und dem 1. Sturmgeschützbataillon entlang der Grenze zwischen Polen und der Ukraine eingesetzt, wo sie mehr als 25 sowjetische Panzer vernichtete, selber aber ebenfalls einige Verluste verzeichnen musste (17 Turan, 4 Nímrod und ein Toldi). Der Mut der ungarischen Besatzungen überzeugte die deutsche Führung, weitere 25 Fahrzeuge (10 Tiger, 10 PzKpfw IV Ausf. H und einige StuG III) an die Ungarn zu liefern.
Ende Juli wurde die Panzerdivision zur ungarischen Grenze disloziert. Bereits seit Juni war die Kavalleriedivision auch in Polen im Einsatz, wo sie fast alle ihre gepanzerten Fahrzeuge verlor, insbesondere in der Nähe der Hauptstadt. Im folgenden Monat wurde die Abteilung nach Ungarn zurückgezogen, wo sie in 1. Hussar-Division (1. Huszarhadosztaly) umbenannt wurde.
Nach dem Staatsstreich am 23. August in Rumänien strebte die neue rumänische Regierung einen Waffenstillstand mit den Alliierten an, wodurch der Krieg sich auf ungarisches Gebiet verlagerte. Die beiden ungarischen Divisionen leisteten erbitterten Widerstand bis zum 13. Februar 1945, als sowjetische Truppen Budapest besetzten.

Rumänische Panzereinheiten

Nach dem russisch-türkischen Krieg von 1877–1878 wurde Rumänien ein unabhängiger Staat. Sein König Carol I. schloss sich 1882 zunächst dem Dreibund aus Deutschland, Österreich-Ungarn und Italien an. Während seiner Herrschaft wurde die Armee stark vergrößert und auf Deutsch ausgebildet. Diese bewies ihren Wert im Zweiten Balkankrieg (1913), der es Rumänien ermöglichte, die Dobrudscha zu erobern.
Während des Ersten Weltkriegs verbündete Rumänien sich aber mit Frankreich, Italien und Großbritannien, wodurch deutsch-österreichische Streitkräfte in das Land einfielen und zwei Drittel Rumäniens besetzten. Nach dem Krieg wurde Rumänien im Friedensvertrag jedoch belohnt: es bekam Siebenbürgen, die Bukowina, Bessarabien, Dobrudscha und einen Teil des Banats zugesprochen, wodurch sich das rumänische Staatsgebiet verdoppelte. Viele ethnischen Minderheiten kamen so zu Rumänien, die letztlich ein Drittel der Bevölkerung ausmachten. Das Land grenzte an Staaten wie Russland und Ungarn, die von Revolutionen heimgesucht wurden, wodurch auch Rumäniens Stabilität gefährdet war.
1919 entstand dank der Zusammenarbeit mit Frankreich das erste gepanzerte Regiment. Zu ihm gehörten 76 Renault FT-Panzer, von denen 48 mit der 3,7-cm-Puteaux-Kanone und 28 mit dem 8-mm-Hotchkiss-MG ausgestattet waren.
Rumänien war arm und verfügte nicht über die grundlegendste Infrastruktur. Ausländisches Kapital (vor allem französisches), mit dem die Kontrolle über die Rohstoffe gewonnen werden sollte, führte zu einer weit verbreiteten Korruption, die den Machterwerb einer nationalistischen Partei begünstigte, die dem italienischen Faschismus nahestand.
1936 startete das rumänische Verteidigungsministerium ein umfangreiches Programm zur Anschaffung von 36 leichten Panzern R-1 (Skoda AH-IVR) und 126 mittleren Panzern R-2 (LT vz. 35) für den Aufbau einer gepanzerten Division. 1938 schlossen die rumänischen Behörden eine Vereinbarung über die Lieferung von etwa 50 Renault R 35, aber die Produktion verlief langsamer als erwartet, so dass vor dem Fall Frankreichs nur 41 R-35 ausgeliefert werden konnten. Dieses Fahrzeug sollte auch in Lizenz von einem französisch-rumänischen Unternehmen hergestellt werden, doch der Ausbruch des Zweiten Weltkrieges vereitelte dies.
Ende September 1939 nahm die rumänische Armee mehr als 30 R-35-Panzer des 21. polnischen Bataillons in Besitz, die Zuflucht in Rumänien gesucht hatten. Zu dieser Zeit besaß Budapest etwa 73 R-35-Panzer, die zur Ausrüstung eines zweiten Regiments dienten. Das 1. Panzerregiment war mit den neuen R-2s-Panzern ausgestattet. Etwa 30 Renault FTs wurden zur Ausrüstung eines gepanzerten Bataillons für die innere Sicherheit verwendet.
Dunkle Wolken brauten sich über Rumänien zusammen. 1940 verlor das Land nach dem Molotow-Ribbentrop-Pakt Bessarabien und die Bukowina (annektiert von der UdSSR, führte dies zur Gründung der Autonomen Republik Moldau),

Eine Kolonne rumänischer Panther IV-Panzer während einer Militärparade.

Siebenbürgen (an Ungarn) und einen Teil der Dobrudscha (an Bulgarien). Das war insgesamt fast ein Drittel von Rumäniens Territorium. Gleichzeitig nahmen Gewaltakte und politischer Terrorismus im ganzen Land zu. Angesichts dieser explosiven Situation ernannte der König am 5. September 1940 die Regierung Ion Antonescu, die Rumänien in weniger als vierundzwanzig Stunden in einen faschistischen Staat verwandelte. Am nächsten Tag musste Carol II. zugunsten Michael abdanken, und die berüchtigten Iron Guards unter der Führung von Horia Sima wurden die einzige zugelassene Partei. Diese verübten Massaker an Gegnern und begingen Gewalttaten aller Art. Im Januar 1941 wollte Rumänien fast 400 leichte Panzer des Typs LT vy 35 (in Deutschland bekannt als PzKpfw 38(t)) und mehr als 200 mittlere Panzer T-21 (lokal R-3 genannt) kaufen, aber Deutschland erlaubte tschechoslowakischen Unternehmen nicht, diesen Auftrag anzunehmen.
Die berüchtigten Iron Guards versuchten sogar, die Regierung zu stürzen, aber am 20. Januar wurde ihre Rebellion von Marschall Antonescu niedergeschlagen. Am 1. März kamen deutsche Truppen nach Rumänien.
Am Angriff auf die Sowjetunion am 22. Juni nahmen auch die rumänischen Armeen teil. Sie besetzten Bessarabien und verbanden Transnistrien (Republik Moldau) wieder mit der Stadt Odessa. In der Zwischenzeit stellte die rumänische Armee die erste und einzige rumänische Panzerdivision auf. Diese bestand aus zwei Panzerregimentern, agierte aber im Sommer 1941 nicht als einheitliche Formation.
Das 1. Bataillon des 1. Regiments wurde zur Unterstützung der 3. Armee und das 2. Bataillon zur Unterstützung der 4. Armee eingesetzt. Diese nahmen an der Besetzung von Odessa teil. Im Laufe des Jahres 1941 verlor dieses Regiment 26 Fahrzeuge im Kampf und über 60 aufgrund von technischen Defekten. Die R-35er stellten ihre Fähigkeit als Unterstützungspanzer unter Beweis, aber sie waren zu langsam und hatten eine schwache Panzerung.
In den Militäroperationen von 1941 erbeuteten die Rumänen große Mengen an Kriegsmaterial, darunter zahlreiche Panzer und gepanzerte Fahrzeuge verschiedener Modelle. Berlin verkaufte den Rumänen im Oktober 1941 26 PzKpfw 35(t) und im September 1942 22 PzKpfw III, um die Verluste des 1. Regiments zu ersetzen.
Die erste rumänische Panzerdivision kehrte im Herbst 1942 an die russische Front zurück. Sie operierte zusammen mit dem deutschen 48. Heereskorps, war aber im Einsatz mit mehr als 410 sowjetischen Panzern der Typen T-34 und KV-1 konfrontiert.
Am 19. November 1942 begann die Rote Armee in der Operation »Uranus« mit der Einkesselung der deutschen Armeen und ihren Verbündeten bei Stalingrad. Im Laufe dieser Schlachten verlor die 1. rumänische Panzerdivision fast alle ihre Panzer. Die Wehrmacht lieferte zum Ausgleich dieser Verluste sechs SdKfz 222, fünf SdKfz 223 und 50 Pzkpfw 38(t), letztere bildeten ein unabhängiges Panzerbataillon, 142 Pz. Kpfw. IV Ausf. G und 118 StuG IIIs. Daneben lieferte Ateliere Leonida 46 Jagdpanzer (34 TACAM T-60 und 12 TACAM R-2), während sich der vielversprechende Jagdpanzer Maresal noch in der Entwicklung befand.
Der sowjetische Sieg in Stalingrad und der italienische Waffenstillstand veranlassten Rumänien, diplomatische Kontakte zu den Alliierten aufzunehmen. König Michael ließ Antonescu verhaften und dessen Regime durch eine Volksregierung ersetzen, die den Waffenstillstand mit den Sowjets am 23. August 1944 unterzeichnete. Die neue rumänische Regierung entsandte Truppen, um nun gegen die Deutschen in Ungarn und der Slowakei zu kämpfen.

Bulgarische Panzereinheiten

Die Teilnahme am Ersten Weltkrieg an der Seite der Mittelmächte endete für Bulgarien katastrophal, denn es verlor den Zugang zur Ägäis, wie im Friedensvertrag von Neuilly vom 27. November 1919 vorgesehen. Die Niederlage zwang den bulgarischen Zaren Ferdinand I. zugunsten seines Sohnes Boris III. auf den Thron zu verzichten.
Der oben genannte Friedensvertrag belegte Rumänien mit strengen Auflagen: so wurde die Armee des Landes, einschließlich der inneren Sicherheitskräfte und der Zollbeamte, auf 20.000 Mann beschränkt. Natürlich war es Bulgarien auch verboten, Panzer und schwere Artillerie zu besitzen.
Zwischen den beiden Weltkriegen ging es in dem Land politisch hoch her. Ursprünglich wurde Bulgarien von einem Bündnis zwischen der Landwirtschaftspartei und der Kommunistischen Partei regiert, das diverse soziale Reformen verabschiedete, aber 1923 wurde der Führer der Agrarpartei während eines Putsches ermordet. Zar Boris III. beauftragte Aleksandar Zankow mit der Regierungsbildung, doch dieser errichtete ein gewalttätiges rechtsgerichtetes Regime. 1926 wurde Zankow als Ministerpräsident entlassen und von einer moderateren Regierung ersetzt. Nach zwei weiteren Staatsstreichen zwischen 1934 und 1935 ergriff erneut eine autoritäre, rechtsextreme Regierung, diesmal unter der Führung von Zar Boris III., die Macht. Erstmals kaufte die bulgarische Armee im Jahr 1935 heimlich Panzer, und zwar 14 Carri Veloci 35 von den italienischen Firmen Ansaldo und Fiat. Die Fahrzeuge unterschieden sich von den italienischen Modellen dadurch, dass sie nur ein 6,5-mm-Schwarzlose-Maschi-

Eine bulgarische Panzerkompanie mit dem italienischen C.V.-33. (Foto: PD)

nengewehr besaßen anstelle der üblichen beiden Breda-MG. Am 31. Juli 1938 unterzeichnete Bulgarien das Thessaloniki-Abkommen, das die restriktiven Klauseln des Friedensvertrags von Neuilly im militärischen Bereich für das Balkanland aufhob, seine Neutralität aber bestehen ließ.

Das Münchner Abkommen vom 30. September 1938 sprach dem Deutschen Reich das zur Tschechoslowakei gehörende Sudentenland zu. Das ermutigte die bulgarische Regierung, Verhandlungen über die friedliche Wiedererlangung der im Ersten Weltkrieg verlorenen Gebiete aufzunehmen. Zar Boris III. spielte eine wichtige Rolle bei den diplomatischen Verhandlungen. Im selben Jahr kaufte Bulgarien acht Vickers-6-ton-Panzer, während Deutschland im Februar 1940 36 leichte PzKpfw 35(t)-Fahrzeuge verkaufte und dann weitere 40 französische R-35 verschenkte. Mit diesen bescheidenen Kräften gründete Bulgarien seine erste Panzerbrigade. Sie bestand aus einem Panzerregiment und einem mechanisierten Infanterieregiment.

Am 7. September 1940 wurde der Vertrag von Craiova zwischen Rumänien und Bulgarien unterzeichnet, demgemäß die südliche Dobrudscha an Sofia zurückgegeben wurde. Bulgarien blieb bis zum 6. April 1941 neutral, dann trat es offiziell den Achsenmächten bei. Seine Streitkräfte allerdings setzte es in der Anfangsphase der Feldzüge gegen Jugoslawien und Griechenland nicht ein. Am 17. April begaben sich der jugoslawische König und die Regierung nach London ins Exil, während Athen bis zum 30. April weiterhin Widerstand leistete.

Am 20. April startete die bulgarische Armee ihre Offensive. Ihr gelang es, das westliche Thrakien und einen Teil Mazedoniens zu besetzen. Bulgarien nahm nicht am deutschen Überfall auf die Sowjetunion teil, der am 22. Juni 1941 als »Unternehmen Barbarossa« begann. Dennoch war die kleine bulgarische Flotte an einigen Scharmützeln mit der sowjetischen Schwarzmeerflotte beteiligt. Darüber hinaus kämpften die bulgarischen Streitkräfte auf dem Balkan gegen verschiedene Widerstandsgruppen. Bulgarien erhielt im Frühjahr 1943 10 Panzerkampfwagen 38(t). Im Sommer 1943 begann Deutschland mit der Lieferung von 10 PzKpfw III, 46 PzKpfw IV, 25 Stuk III zur Modernisierung der bulgarischen Panzertruppen.

Am 9. September 1944 unterzeichnete Bulgarien einen Waffenstillstand mit Russland. Anschließend beteiligte sich die bulgarische Panzerbrigade an den Kämpfen in Ungarn gegen die Wehrmacht.

Kroatische Panzereinheiten

Nach der Auflösung Österreich-Ungarns im Oktober 1918 vereinigten sich Kroatien, Slowenien und Serbien zum Königreich der Serben, Kroaten und Slowenen (29. 10. 1918) mit der Hauptstadt Belgrad. 1929 wurde dieses Staatsgebilde in Königreich Jugoslawien umbenannt. Ein starker Antagonismus gegen die Serben und ihre zentralistische Politik erschwerte dem neuen Staat das Leben. Am 25. August 1939 entstand schließlich zur Entschärfung des serbisch-kroatischen Konflikts die teilautonome Banschaft Kroatien.

Der Feldzug der Achsenmächte im April 1941 führte in wenigen Tagen zur Auflösung des jugoslawischen Staates. Nach der deutschen Besetzung Zagrebs am 10. April proklamierte die Ustascha (kroatische Nationalistenbewegung) einen unabhängigen Staat Kroatien, der auch das heutige Bosnien und die Herzegowina umfasste. Diesem Vasallenstaat der Achsenmächte stand eine auf die faschistische Ustascha-Bewegung gestützte autoritäre Regierung vor. Gezielt wurden Serben, Zigeuner und Juden eliminiert.

Montenegro, das von italienischen Truppen besetzt war, beschloss am 13. Juli 1941, die Monarchie unter der Ägide Italiens wieder zu errichten. Italien annektierte am 3. Mai 1941 Süd-Slowenien und am 18. Mai das dalmatische Küstengebiet samt Inseln. Das nördliche Slowenien war seit April dem Deutschen Reich angegliedert. Ungarn gewann die Batschka, Baranya (Branau) und das Gebiet des Flusses Mur zurück. Bulgarien besetzte Mazedonien, den Bezirk Morava und die Stadt Caribrod (heute Dimitrovgrad). Am 29. Juni 1941 wurden der Kosovo sowie Dibrano und Struga mit Albanien vereint. Der Rest des ehemaligen Jugoslawiens bildete einen serbischen Staat unter einer deutschen Militärregierung.

Marschall Slavko Kvaternik gründete am 11. April 1941 die Ustascha-Miliz mit einem Sonderkommando, um die Kontrolle über die verschiedenen bewaffneten Gruppen zu übernehmen, die sich spontan im Land erhoben hatten. Am 16. April 1941 wurde die neue kroatische Regierung von den deutschen Besatzungsbehörden ermächtigt, eigene Streitkräfte mit dem Namen »Hrvatsko domobranstvo« aufzustellen, deren Oberbefehlshaber Kvaternik wurde. Sie umfasste eine reguläre Armee, eine Luftwaffe, eine Gendarmerie und – nach dem italienischen Waffenstillstand – auch eine Marine. Die Aufgabe dieser kroatischen Streitkräfte war es, den neuen Staat sowohl gegen ausländische als auch gegen inländische Feinde zu verteidigen.

Das Heer bestand anfangs aus etwa 16.000 Mann mit 15 Infanteriebataillonen und zwei Kavallerieschwadronen. In den folgenden zwei Monaten wurde die Kroatische Innere Garde erheblich verstärkt. Als die Zahl der Soldaten schließlich auf 55.000 Mann aufgestockt war, bestand die Armee aus 15 Infanterieregimentern mit je zwei Bataillonen, einem Kavallerieregiment, einem Kavalleriebataillon und 10 Artilleriebataillonen. Ab Juli gab es ein motorisiertes Infanteriebataillon mit einer Panzerkompanie, die mit Renault FT und R-35-Panzern der ehemaligen jugoslawischen Armee ausgestattet war. Italien und Ungarn lieferten an Kroatien eine kleine Zahl an L-33/L-35-Panzern, mit der die neue »Poglavnikkova Verteidigungsbrigade« (Poglavnikkova Tjelesna Sdruga) ausgerüstet wurde. Reguläre und paramilitärische kroatische Kräfte unterstützten die Kämpfe in der Ostherzegowina und in Bosnien. Im Spätherbst 1941 bestanden die regulären kroatischen Streitkräfte aus mehr als 90.000 Soldaten (darunter mindestens 5500 nationale Polizisten). Im Januar 1942 wurde Westbosnien von serbischen Partisanen besetzt, was die großen Militärverbände der kroatischen Armee in Schwierigkeiten brachte. In diesem Jahr erhielt die kroatische Regierung vier Panzerkampfwagen I und 16 ehemals polnische leichte Tanketten der Typen TK und TKS aus Deutschland. Diese Fahrzeuge wurden hauptsächlich zur Begleitung von Konvois eingesetzt. Weitere Lieferungen ermöglichten die Aufstellung einer motorisierten Gruppe mit PTS-Panzern (Brzog Sklopa PTS), die aus drei Kompanien bestand, die mit diesen leichten Tanks ausgestattet wurden.

Im September wurden eine mobile Gendarmerie-Brigade und vier Gebirgsbrigaden gebildet. Jede bestand aus vier Infanteriebataillonen in zwei Regimentern, einer Artilleriegruppe, einer Maschinengewehrkompanie und Unterstützungsabteilungen. Im November 1942 stand auch der westliche Teil Bosniens unter der Kontrolle der Partisanen. Die regulären kroatischen Streitkräfte kontrollierten nur noch große Städte und Kommunikationswege. Im Herbst war geplant, die motorisierten Bataillone um 20 tschechoslowakische Leichtpanzerkampfwagen LT vz 34 zu verstärken, doch diese befanden sich in einem sehr schlechten Zustand, sodass dieser Plan aufgegeben wurde. Die Wehrmacht ermutigte die kroatische Armee, ihre Anti-Partisanenkräfte durch Aufstellung von Gebirgs- und Schützenbrigaden zu verstärken. 1943 wurden vier weitere Jägerbrigaden gebildet (jeweils mit vier Infanteriebataillonen, gruppiert in zwei Regimenter und eine Artilleriegruppe). Mit dem Rückzug der italienischen Divisionen nach dem Waffenstillstand vom 8. September 1943 entstand ein riesiges Machtvakuum in Griechenland und Jugoslawien.

Die Wehrmacht versuchte, die verbündeten Streitkräfte aufzurüsten, um sie im Kampf gegen die kommunistischen Partisanen von Tito einsetzen zu können. Im Oktober 1943 wurde eine schnelle Brigade aufgestellt, die aus zwei Panzerbataillonen und zwei motorisierten Bataillonen bestand. Das Deutsche Reich lieferte an die kroatische Armee eine größere Zahl italienischer Panzerfahrzeuge, die nach dem italienischen Waffenstillstand mit den Alliierten erbeutet worden waren. Nach einigen Schätzungen handelte es sich dabei um mindestens 50 leichte Panzerkampfwagen (26 veraltete L 3/33, 24 L 6/40), 15 mittlere Panzerkampfwagen M 14/41, 10 Sturmgeschütze 47/32 (im Mai 1944) und 10 Panzerspähwagen Autoblinda 41. Ende 1943 verfügte das kroatische Heer über rund 130.000 Soldaten. Im Jahr 1944 sank ihre Zahl auf 90.000, was auch auf zahlreiche Überläufer zurückzuführen war. Die Wehrmacht unterstützte die Aufstellung von vier weiteren Divisionen, hauptsächlich Infanteriedivisionen, die über eine gepanzerte Kompanie verfügten, zu deren Bestand ebenfalls ehemalige italienische Fahrzeuge gehörten.

Panzerwagen

Fiat Arsenale und Bianchi 33 HP

Zu Beginn des 20. Jahrhunderts war Italien eines der innovativsten Länder im Bereich der militärischen Ausrüstung, wie z. B. beim Einsatz von Kampfflugzeugen und Panzerwagen. Während des Krieges mit der Türkei (29.9.1911–18.10.1912) bekundete das italienische Heer zum ersten Mal Interesse daran, einige gepanzerte Fahrzeuge zu kaufen. Fiat baute 1912, in Zusammenarbeit mit dem Militärarsenal von Turin, zwei Panzerwagen (bezeichnet als »Fiat Arsenale«), die modifizierte Fahrgestelle des leichten Militärlastwagens Fiat 15 verwendeten. Ihre Bewaffnung bestand aus einem 6,5-mm-Maschinengewehr Maxim, das in einem Drehturm installiert war. Ein Fiat Arsenale hatte eine Höchstgeschwindigkeit von 10 km/h, seine Panzerung betrug 3 mm. Weitere Details zu diesem Fahrzeug sind leider nicht bekannt.

Ein Bürgerkomitee finanzierte im gleichen Jahr den Bau von zwei weiteren Panzerwagen. Die Firma Isotta-Franschini baute den ersten davon, bewaffnet mit zwei 6,5-mm-Maschinengewehren von Fiat. Eine der Waffe wurde in dem Drehturm montiert und die andere ins Heck des 3 Tonnen schweren Fahrzeugs.

Panzerkraftwagen Fiat Arsenale	
Hersteller	FIAT
Ursprungsbez.	Autoblinda Fiat Arsenale
Besatzung	3
Motor	Fiat Brevetti 15/20, Benzinmotor
Höchstgeschw.	10 km/h
Bewaffnung	1 x 6,5-mm-MG Maxim
Panzerung	3-mm-Panzerplatte

Das zweite gepanzerte Fahrzeug wurde von der Firma Bianchi produziert. Von Nachteil war seine niedrige Geschwindigkeit und sein überhöhtes Gewicht. Die Armee bestellte während des Ersten Weltkriegs eine Anzahl verbesserter Panzerwagen der Firma Bianchi. Aus diesen rudimentären Fahrzeugen wurde der Panzerwagen Lancia 1 Z entwickelt, der bis zum Zweiten Weltkrieg im Dienst blieb.

Der erste Panzerwagen Fiat Arsenale in Libyen (Sammlung AUSSME).

Ein Panzerwagen Bianchi, gebaut im Jahr 1915 (Sammlung CETEM).

Ansaldo-Lancia 1Z und 1ZM

Entwicklung und Produktion

La Lancia ist einer der ältesten italienischen Automobilhersteller und wurde 1906 in Turin von Vincenzo Lancia gegründet. Er spezialisierte sich auf die Herstellung von Luxusfahrzeugen und Militärfahrzeugen wie dem 1Z, der während des italienisch-türkischen Krieges von der italienischen Armee eingesetzt wurde. 1Z war der erste italienische Panzerwagen, der in großen Stückzahlen produziert wurde. Lancia und Ansaldo arbeiteten an seiner Herstellung zusammen. 1915 war er fertig entwickelt. Sie verwendeten zuerst das Chassis des Autos Lancia Theta (auch bekannt als Lancia 25/35 oder Typ 61) und dann das des leichten Lastwagens Lancia 1Z. Der erste Auftrag umfasste 30 Einheiten, deren Produktion noch im selben Jahr begann.

Im Laufe des Jahres 1916 wurden mindestens zehn Fahrzeuge fertiggestellt und sofort an den verschiedenen Kriegsfronten eingesetzt, wo sie ihre hervorragenden Eigenschaften unter Beweis stellten. Es war das modernste und am besten bewaffnete gepanzerte Fahrzeug, das die Alliierten einsetzen konnten. Das Gefährt hatte zwei Drehtürme mit insgesamt drei Maschinengewehren, die für eine enorme Feuerkraft sorgten. Nach den ersten operativen Erfahrungen mit dem Fahrzeug beschlossen die Italiener die Installation zweier umgedrehter L-förmigen Metallstangen über der Motorhaube, um die Stacheldrahthindernisse der gegnerischen Verteidigungsstellungen durchschneiden zu können.

Die beiden Fabriken erhielten während des Krieges zwei weitere Aufträge, so dass sich die Gesamtzahl der bestellten Panzerwagen auf 150 erhöhte.

1917 begann die Produktion der zweiten Serie, deren Fahrzeuge einige Änderungen aufwiesen. So waren z.B. die Motorleistung erhöht und der Schutz der Maschinengewehre verbessert. Die Exemplare der dritten Serie (bezeichnet als Ansaldo-Lancia 1ZM (M = Modifiziert)), deren Herstellung im April 1918 begann, waren nicht mehr mit dem zweiten Drehturm ausgestattet, weil dieser während der Geländefahrt Instabilität verursachte. Die Bewaffnung wurde dennoch nicht verändert, da das dritte Maschinengewehr einfach in der Schießscharte an der Fahrzeugrückseite installiert wurde.

Fünf Panzerwagen vom Typ Lancia 1ZM sind fast vollständig fertig.

Technische Beschreibung

Das Besondere an diesem Fahrzeug waren seine zwei übereinanderliegenden Türme mit einem Seitenrichtbereich von 360° Grad, die separat gedreht werden konnten. Der untere Turm lag auf zwei Kugellagerringen, die im oberen Teil der Fahrzeugkarosserie installiert waren. Seine Bewaffnung bestand aus zwei unabhängigen 6,5-mm-Maschinengewehren vom Typ Maxim, mit einem Höhenrichtbereich von -15° bis +35°, die auf gelenkigen Stützen montiert waren. Im oberen Turm befand sich eine dritte Waffe.

In der Version 1ZM wurden die Maxim von drei französischen 8-mm-Maschinengewehren St. Etienne mit 12.000 Schuss ersetzt. Das französische MG hatte jedoch immer wieder Ladehemmung, deshalb wurde es im Jahr 1924 vom zuverlässigen Fiat Modell 1914 ersetzt. Die Maschinengewehre wurden mit Wasser gekühlt, was in bestimmten Einsatzgebieten zum Problem wegen der Wasserbeschaffung werden konnte, etwa in den italienischen Kolonien oder im Dodekanes.

Das Fahrzeug wurde durch Chrom-Nickel-Stahlpanzerplat-

Hersteller	Fahrgestell Lancia; Aufbau Ansaldo
Ursprungsbez.	Autoblinda Ansaldo-Lancia 1Z; Autoblinda Ansaldo-Lancia 1ZM
Besatzung	6
Gefechtsgewicht	4300 kg
Länge	5710 mm
Breite	1940 mm
Höhe	2500 mm
Motor	Fiat A 12, 4-Zylinder-Ottomotor
Hubraum	4960 cm^3
Leistung kW/PS	26,7/36
Leistungsgewicht	8,4 PS/t
Höchstgeschwindigkeit	50–60 km/h (Straße)
Fahrbereich	200 km (mit 100 Liter)
Bewaffnung	3 x 6,5-mm-MG Fiat Modell 1914 (15.000 Patronen)
Schwenkbereich/Elevation	k. A.
Panzerung	max. 6 mm

Panzerwagen Lancia 1ZM.

Panzerwagen Lancia 1ZM mit 6,5-mm-MG Fiat Modell 1914.

ten mit einer maximalen Dicke von 6 mm geschützt. Der 4-Zylinder-Benzinmotor mit einem maximalen Hubraum von 4960 cm^3 wurde von der gepanzerten Motorhaube abgedeckt, durch deren Lamellen auf der Vorderseite Luft in den Kühler strömen konnte. Seine Höchstgeschwindigkeit betrug auf der Straße 60 km/h, seine Reichweite lag bei etwa 300 km, manche Quellen sprechen von bis zu 500 km.

Der Kampfraum war zur linken und rechten Seite jeweils durch eine große Tür zugänglich. Zusätzlich besaß das Fahrzeug eine verstellbare Vordertür für den Fahrer und eine weitere für den Panzerkommandanten, der an seiner Seite saß, außerdem drei verstellbare Schießscharten. In der Mitte des Fahrzeugs befand sich der gepanzerte Kraftstofftank, der der Besatzung als Sitzbank diente. Diese bestand aus sechs Mann (Fahrer, Panzerkommandant, drei Maschinengewehrschützen und ein Ladeschütze). Das Fahrzeug wog über 4300 kg und hatte eine Länge von 5710 mm, eine Breite von 1940 mm und eine Höhe von 2500 mm.

Taktischer Einsatz

In der letzten Phase des Ersten Weltkrieges wurden die 1ZMs intensiv eingesetzt, insbesondere während der italienischen Offensive in der Schlacht von Vittorio Veneto, die am 24. Oktober 1917 begann. Die 7. Staffel erzielte in wenigen Tagen beeindruckende Erfolge auf dem Weg nach Triest. Ihr fielen der gesamte Stab der 58. Österreichischen Division, mehrere Dutzend Geschütze und viele Soldaten in die Hände. Am Ende des Krieges waren 17 Panzerschwadronen einsatzbereit, die jeweils aus sieben Ansaldo-Lancia 1Z bestanden und den Kavallerieabteilungen und Sturmdivisionen (Divisioni d'Assalto) zugeteilt waren.

Ab 1922 nahmen sie mit den anderen oben beschriebenen gepanzerten Fahrzeugen an den Militäroperationen der Königlich-italienischen Armee teil, deren Ziel die Wiedererlangung der Kontrolle über Libyen war. Einige Einheiten wurden nach Albanien verkauft, wo sie jahrelang die einzige Panzertruppe bildeten. Ein Fahrzeug spendete die italienische Regierung an Afghanistan. Es nahm am Feldzug zur Eroberung Äthiopiens (1935–1936) teil, wo es als Spähpanzer eingesetzt wurde.

Eine wahrscheinlich aus acht Fahrzeugen bestehende Abteilung des italienischen Freiwilligenkorps (Corpo Truppe Volontarie) unterstützte während des spanischen Bürgerkriegs (1936–1939) die nationalistischen Kräfte unter Führung von General Franco. Das Modell war völlig veraltet und konnte daher leicht von den russischen Aufklärungsfahrzeugen BA-3/6 zerstört werden, die an die regierungsfreundlichen Kräfte geliefert worden waren. Letztere waren mit einer 4,5-cm-Kanone und zwei-7,62-mm-MG bewaffnet.

1ZM-Fahrzeuge operierten während des Zweiten Weltkriegs in den italienischen Kolonien in Afrika und der Dodekanes.

Panzerwagen Lancia 1Z mit seiner Besatzung.

Von deutschen Truppen eingesetzter Panzerspähwagen Lancia 1ZM im Herbst 1943 in Jugoslawien. (Foto: Bundesarchiv, Bild 101I-005-0006-17)

Sieben Panzerwagen Lancia 1ZM in den 1920er Jahren.

Die meisten wurden vom Panzerspähwagen AB 40 ersetzt. Im September 1943 erbeuteten die Deutschen einige Lancia 1ZM und setzten sie gegen die Partisanen ein.

4 x 2 Lanchester

Beschreibung und taktischer Einsatz in der italienischen Armee

Dr. Frederick W. Lanchester entwickelte am Vorabend des Ersten Weltkrieges diesen schnellen und zuverlässigen Panzerwagen, der ein unkonventionelles Profil aufwies. Ursprünglich lag seine Aufgabe darin, Flugplätze zu schützen. Sechsunddreißig Lanchester wurden bis Ende März 1915 fertiggestellt, um damit drei Staffeln des Royal Navy Air Service auszustatten. Alle diese Staffeln befanden sich im Mai 1915 in Frankreich, eine von ihnen wurde später in die belgische Armee eingegliedert.

Der Lanchester-Panzerwagen 4 x 2 hatte einen 6-Zylinder-Benzinmotor, der eine Geschwindigkeit von 80 km/h gewährleistete. Seine Bewaffnung bestand aus einem Vickers-Maschinengewehr, das in einem Turm installiert wurde. Die Panzerung betrug 8 mm.

Die russische Armee erhielt im Dezember 1915 mindestens 20 Fahrzeuge, 19 von ihnen wurden später mit einem 3,7-cm-Marinegeschütz Hotchkiss anstelle des Vickers MG bewaffnet. Einige Fahrzeuge waren für das italienische Heer bestimmt und befanden sich ab 1917 im Einsatz in Libyen, wo sie für mehrere Jahre im Dienst blieben.

Hersteller	Lanchester
Ursprungsbez.	Autoblindo Lanchester 4 x 4
Besatzung	4 (Kommandant, Fahrer, Lader/ Mechaniker, Maschinengewehr)
Gefechtsgewicht	4700 kg
Länge	4880 mm
Breite	1930 mm
Höhe	2290 mm
Motor	6-Zylinder-Benzinmotor
Hubraum	4 x 2 Blattfedern
Leistung kW/PS	44/60
Leistungsgewicht	12,8 PS/t
Höchstgeschwindigkeit	80 km/h (Straße)
Fahrbereich	290 km/h
Bewaffnung	1 x Vickers MG., 1 x Lewis Gun
Schwenkbereich/Elevation	k. A.
Panzerung	max. 8 mm

Zwei Panzerwagen Lanchester 1917 in Tripoli. (Sammlung Benvenuti)

Fiat-Terni Tripoli (oder Fiat Libia)

Entwicklung und Produktion

Das Unternehmen »Società Terni Stabilimenti Siderurgici« benützte während des Ersten Weltkriegs das Fahrgestell des Lastkraftwagens Fiat 15 Ter, um diesen Panzerwagen zu entwickeln, der in den italienischen Kolonien in Afrika verwendet werden sollte. Zwei Prototypen wurden zwischen 1916/1917 nach Libyen geschickt, wo sie eine Reihe von Tests durchliefen.
Der Panzerwagen Fiat-Terni Tripoli war ein Fahrzeug von einfacher Konstruktion, aber robust und zuverlässig. Auf dem Fahrgestellt wurde zuerst der Drehturm des britischen Spähwagens Lanchester montiert. Danach wurde der Turm erhöht und zu einer Kreisform umgestaltet, ähnlich dem Turm des Lancia 1 Z, der größer als der Fiat Terni-Tripoli war. Die Firma produzierte etwa 25 Exemplare dieses Panzerwagens.

Hersteller	Terni-Fiat
Ursprungsbez.	Autoblindo Fiat-Terni Libia
Besatzung	3–4
Gefechtsgewicht	2400 kg
Länge	4545 mm
Breite	1700 mm
Höhe	3070 mm
Motor	Benzinmotor Fiat 53a
Hubraum	4398 cm^3
Leistung kW/PS	26/36
Leistungsgewicht	15 PS/t
Höchstgeschwindigkeit	40–45 km/h
Fahrbereich	270 km
Bewaffnung	1 x 6,5 mm MG Fiat Modell 1914
Schwenkbereich/Elevation	k. A.
Panzerung	max. 6 mm Stahlplatten

Technische Beschreibung

Der Panzerwagen wog etwa 2,4 Tonnen und hatte eine Länge von 4,54 m, so dass er kleiner als der 1Z war. Er hatte eine zylindrische Form und war mit Führungsschlupflöchern sowie zwei Seitentüren ausgestattet, auf denen der Drehturm installiert war. In dessen Schießscharte war ein 6,5-mm-Maschinengewehr Fiat-Ravelli Mod. 14 montiert. Der Kampfraum, in dem die Besatzung Platz fand, war mit der gepanzerten Motorhaube in Kegelstumpfform verbunden, welche Blechlamellen im Kühlergrill und den Seitentüren enthielt. Das Fahrzeug hatte einen Fiat 53A-Benzinmotor, der eine Fahrgeschwindigkeit von ca. 40–45 km/h und eine Reichweite von 270 km garantierte. Die Panzerung des Fahrzeugs wurde von 6 mm dicken Stahlpanzerplatten gebildet.

Taktischer Einsatz

Nach der Rebellion der Sanussi (islamische Bruderschaft) planten die Italiener eine umfangreiche Militäroperation, um die vollständige Kontrolle über Libyen wiederzuerlangen. Zu diesem Zweck wurden neue militärischen Einheiten wie die »Cacciatori d'Africa« (italienische Infanterie und berittene Infanterie für den Einsatz in Afrika) geschaffen.
Zwölf Fiat Terni-Tripoli wurden dem 4. Bataillon Cacciatori zugeordnet, das über vier gepanzerte Fahrzeugstaffeln und Panzer verfügte. Die meisten dieser Fahrzeuge blieben in Libyen, wo sie bis in die 1930er Jahre an mehreren Operationen gegen libysche Stämme teilnahmen. Sie kamen auch zur Eskortierung von Fahrzeugkonvois zum Einsatz.
Beim Kriegseintritt Italiens am 10. Juni 1940 besaß die »Regio Esercito« in Libyen nur wenige gepanzerte Fahrzeuge, so dass die Panzeraufbauten der übrig gebliebenen Fiat 15 demontiert und auf den Fahrgestellen der FIAT-SPA 38R-LKWs wieder zusammengebaut wurden. Jedes Fahrzeug war mit einem 12,7-mm-Maschinengewehr Breda-SAFAT ausgestattet, das aus Flugzeugen stammte, die von der Regia Aeronautica außer Dienst gestellt worden waren. Sie dienten der Fliegerabwehr für die am 25. November 1940 gegründete Spezialbrigade »Babini« unter dem Kommando von General Valentino Babini. Sie wurde für die Gruppierung unabhängiger mechanisierter Einheiten in Libyen geschaffen. Alle Fahrzeuge gingen aber in den ersten Monaten des Jahres 1941 verloren.

Panzerspähwagen Fiat Libyen. (Sammlung AUSSME)

Pavesi

Entwicklung

Das Unternehmen Pavesi entwickelte in den 1920er Jahren zwei Prototypen eines kleinen Panzerwagens unter Verwendung des Chassis der Artilleriezugmaschine Pavesi M 26 oder M 30. Sie besaßen vier riesige Räder mit einem Durchmesser von 1,55 m, um sich auf schwierigem Gelände besser fortbewegen zu können.

Im ersten Fahrzeug wurde ein 4-Zylinder-Benzinmotor Pavesi P 4 (wassergekühlt) mit 35 PS verbaut. Es besaß nur ein Maschinengewehr Hotchkiss mit 1000 Schuss, installiert in einem Ein-Mann-Drehturm. Die Bewaffnung des zweiten Panzerwagens bestand aus einer 7,5-cm-Kanone Schneider mit 30 Schuss. Dieser Prototyp verfügte auch über einen Benzinmotor Pavesi P 4 (wassergekühlt) mit einer Leistung von 45 PS. Die Stärke der Panzerung lag zwischen 4 mm und 16 mm.

Hersteller	Pavesi
Ursprungsbez.	Semovente a ruote da 7,5 cm; Autoblindo Pavesi
Besatzung	-
Gefechtsgewicht	-
Länge	-
Breite	-
Höhe	-
Motor	Selbstfahrlafette: Pavesi P 4, 4-Zylinder-Benzinmotor; Panzerwagen: Pavesi P 4, 4-Zylinder-Benzinmotor
Hubraum	7000 cm^3
Leistung kW/PS	Selbstfahrlafette: 25/35; Panzerwagen: 33/45
Leistungsgewicht	-
Höchstgeschwindigkeit	-
Fahrbereich	-
Bewaffnung	Selbstfahrlafette 1–7,5-cm-Kanone Schneider (30 Schuss), Panzerwagen 1 x 6,5 MG Hotchkiss (1000 Patronen)
Schwenkbereich/Elevation	k. A.
Panzerung	4–16 mm

Prototyp Pavesi mit MG: Der erste Prototyp, bewaffnet nur mit einem 6,5-MG Hotchkiss. (Sammlung ACSF)

Prototyp Pavesi 7,5-cm-Kanone: Der zweite Prototyp der Selbstfahrlafette Pavesi, bewaffnet mit einer 7,5-cm-Kanone Schneider. (Sammlung ACSF)

Leichte Panzerkampfwagen

Renault FT-17 Char mitrallieur und FT-17 Char canon

Entwicklung und Produktion

Am 1. Oktober 1898 gründeten die Brüder Fernand, Louis und Marcel Renault in Billancourt bei Paris die Firma Renault und begannen, Kleinwagen herzustellen. Das Werk entwickelte sich schnell zu einem der führenden Unternehmen der französischen Automobilindustrie. Später erweiterten sie ihre Produktpalette um Industriefahrzeuge, Traktoren, Schiffsmotoren sowie Motoren für die Industrie.

Louis Renault beschloss 1916, einen leichten Panzerkampfwagen zu bauen, und so beauftragte er einen seiner besten Entwickler, Rodolphe Ernst-Metzmaier, damit. Der Prototyp wurde im Oktober des gleichen Jahres fertiggestellt. Dieses Fahrzeug mit dem Namen FT Modéle 1917 unterschied sich von allen bis dahin entwickelten Panzerkampfwagen durch zwei Hauptmerkmale. Das erste war die Anordnung der Waffen in einem Drehturm, der um 360° schwenkbar war. Das zweite Merkmal betraf die Anordnung im Inneren des Fahrzeugs: der Motor befand sich im Heck, im Kampfraum saß der Fahrer vorne, während der Kommandant in der Mitte stand und sich um den Turm und die Waffen kümmerte.

Renault entwickelte zwei bewaffnete Versionen: die erste mit einem Maschinengewehr (FT-17 Char mitrailleur) und die zweite mit einer 3,7-cm-Kanone (FT-17 Char canon). Am 22. Februar 1917 erhielt Renault einen ersten Auftrag über 150 Exemplare der Maschinengewehrversion, kurz darauf kam die Anfrage von General Pétain für weitere 3350 Fahrzeuge. Nach den offiziellen Tests, die in der ersten Aprilwoche durchgeführt wurden, hatten die französischen Behörden die Produktion von weiteren 1000 Stück angeordnet. Im Juli 1917 wurde die Kanonenversion des Panzers getestet. Da die Ergebnisse sehr positiv ausfielen, bestellten sie weitere 650 Fahrzeuge dieser Serie.

Die Vereinigten Staaten orderten 1200 FT-17 im Jahr 1917 (bekannt als Six-ton tank 1917), bekamen aber nur 952 geliefert. Von diesen waren 526 mit der 3,7-cm-Kanone M 1916 bewaffnet. Weitere 526 Panzerkampfwagen besaßen ein Browning M 1919 MG. Einige Quellen deuten darauf hin, dass die Gesamtzahl der georderten Tanks die Zahl von 7000 überschritten hatte. Die Unternehmen Renault, Berliet, Delaunay-Belleville und Somua waren an ihrer Produktion beteiligt. Bis zum Ende des Ersten Weltkriegs wurden 3177 Fahrzeuge gebaut.

Die Herstellung endete 1921, als mehr als 3700 Panzerkampfwagen ausgeliefert worden waren. Diese Fahrzeuge wurden sowohl während des Krieges als auch in den Jahren danach in weitere 15 Länder exportiert (Belgien, Brasilien, China, Estland, Finnland, Italien, Japan, Jugoslawien, Kanada, Litauen, Polen, Rumänien, Schweden, Spanien, Tschechien).

Renault FT-17. (Sammlung Ansaldo)

Technische Beschreibung

Der leichte Kampfwagen von Renault hatte eine Reihe von innovativen Merkmalen, die seinen Erfolg nicht nur in kommerzieller Hinsicht sicherstellten. Die Panzerung des Fahrzeugrumpfes bot der Besatzung einen guten Schutz gegen Handfeuerwaffen. Fahrer und Kommandant/Schütze hatten ausreichend Platz im gut belüfteten Kampfraum. Der Zugang erfolgte durch eine beidseitig öffnende Luke in der vorderen Wannenschale und eine weitere Luke an der Rückseite des Turms. Der Turm besaß außerdem eine aufklappbare Kuppel mit Sichtöffnungen.

Der Fahrer hatte drei Sichtluken vor sich und zum Fahren Pedale und Hebel in seiner Nähe. Der Motorraum belegte den hinteren Teil des Rumpfes. Beim Motor handelte es sich um einen Reihen-Vierzylinder-Benziner von Renault.
Das Fahrzeug konnte mit einem 8-mm-Hotchkiss-Maschinengewehr oder einem kurzen halbautomatischen 3,7-cm-Geschütz ausgerüstet werden. Beide Versionen waren mit einem Zielfernrohr ausgestattet.

Taktischer Einsatz

Der Renault FT-17 nahm an einigen Schlachten an der Westfront 1918 teil. Italien erhielt im Mai 1918 vier Stück dieses Modells, die zur Ausbildung der Panzerbesatzungen verwendet wurden. Dieser Panzerwagen konnte mit einer 37-mm-Kanone oder einem Maschinengewehr ausgerüstet werden. Einige FT-17 wurden zu einer Selbstfahrlafette mit montierter 105/14-Kanone umgebaut.
Nach der Weigerung Frankreichs, weitere Fahrzeuge dieses Typs zu liefern, begannen die italienische Armee und Fiat mit dem Entwurf eines eigenen Panzerwagens zur Unterstützung der Infanterie. Dieser erhielt den Namen Fiat 3000. Die italienische Armee bestellte zunächst 1400 Exemplare des Panzerkampfwagens Fiat 3000, der eine verbesserte Version des Renault FT-17 darstellte, reduzierte anschließend die Bestellung aber auf 100 Stück. Die FT-17-Fahrzeuge blieben im Dienst der italienischen Armee bis 1925.
Im Jahr 1919 kaufte die finnische Regierung auf Anraten des Kavalleriegenerals Carl Gustav Mannerheim einen FT-17. Das Fahrzeug wurde einer Reihe von Tests unterzogen, deren Ergebnisse zufriedenstellend waren. Auf Anraten von Mannerheim kauften die finnischen Behörden weitere 32 Stück, bewaffnet mit einer Puteaux SA 18 37-mm-Kanone, und sechs Latil-Traktoren mit ihren Anhängern. Mit diesen Fahrzeugen wurde Ende August 1919 das 1. Finnische Panzerregiment gebildet. Zu Beginn des Winterkrieges gegen die Sowjetunion 1939 konnte die finnische Armee nur ein Kampfwagenbataillon einsetzen, bei dem zwei Kompanien mit dem veralteten FT-17 ausgestattet waren und zwei weitere Kompanien mit dem Vickers 6-ton aufwarten konnten. Während des Krieges wurde ein Teil dieser veralteten Fahrzeuge demontiert und dann ihre Geschütztürme entlang der Mannerheim-Verteidigungslinie in den Boden eingegraben.
Auch Rumänien erhielt nach dem Ende des Ersten Weltkrieges eine erste Lieferung von Renault FT-Kampfwagen, die zur Ausbildung der Truppen verwendet wurden. Eine zweite Lieferung an Rumänien umfasste 72 neue FT-Kampfwagen (45 Stück kamen mit der 37-mm-Kanone, der Rest mit Maschinengewehr). Mit diesen Fahrzeugen wurde das 1. Panzerregiment (Regiment 1 Care de Lupta) gebildet, doch bereits Mitte der 1930er Jahre waren die Kampfwagen veraltet. Der rumänische Militärattaché analysierte deshalb verschiedene verfügbare Panzerkampfwagen in Frankreich, Großbritannien und der Tschechoslowakei. Im Jahr 1936 beschloss der rumänische Kriegsminister, die FT-17 durch 36 leichte Panzerkampfwagen des Typs CKD-Praga AH-IV und 126 mittlere Panzerkampfwagen des Typs LT-vz. 35 zu ersetzen. Daraus wollte die rumänische Regierung eine gepanzerte Division zusammenstellen.

Hersteller	Renault
Ursprungsbez.	FT-17 Char mitrailleur; FT-17 Char canon
Besatzung	2
Gefechtsgewicht	6500–6700 kg
Länge	4040/4094 mm
Breite	1740 mm
Höhe	2140 mm
Bodenfreiheit	-
Motor	Renault, 4-Zyl.-Benzin
Hubraum	k. A.
Leistung kW/PS	29,30/40
Leistungsgewicht	5 PS/t
Höchstgeschwindigkeit	8 km/h (Straße)
Kraftstoffvorrat	90–100 Liter
Fahrbereich	60 km (0,6 km/l)
Bewaffnung	1 x 3,7-cm-Kanone SA18 (240 Schuss) oder 1 x 7,5-mm-MG Hotchkiss (4000 Schuss)
Schwenkber./Elevation	360° / -20° +35°
Panzerung	6–22 mm
Kletterfähigkeit	0,6 m
Überschreitfähigkeit	max. 1,8 m
Watfähigkeit	max. 0,7 m
Steigfähigkeit	10%

Ein leichter Panzer FT 17 des finnischen Heeres während des Zweiten Weltkrieges. (SA-Kuva Fotoarchiv, Bildnummer 10975)

Ein rumänischer leichter Renault-Panzer FT-17.

Fiat 3000 Modell 1921

Entwicklung und Herstellung

Der leichte Panzerkampfwagen Fiat 3000 Modell 1921 war eine verbesserte Version des berühmten französischen Panzers Renault FT-17. Die Modifikationen beruhten auf den erworbenen Erfahrungen während der Tests und auf den Vorschlägen des Hauptmanns Bennicelli. Dieser Panzer unterschied sich vom Renault FT-17 durch die erhöhte Leistung seines kürzer und leichter gehaltenen Motors, welcher zudem quer statt in Längsrichtung montiert war. Noch im Jahr 1918 bestellte das italienische Heer beim Unternehmen Ansaldo e Breda insgesamt 1400 Exemplare bei einer monatlichen Produktion von 200 Stück, die ab dem 1. Mai 1919 geliefert werden sollten. Weil aber der Krieg zu Ende ging, reduzierte es die Bestellung auf nur 100 Fahrzeuge.

Das Fahrzeug wurde 1921 in der italienischen Armee in Dienst gestellt. Seine Bewaffnung bestand aus zwei 6,5-mm-Maschinengewehren S.I.A. oder Fiat Modell 1929. Diese Waffen wurden in den 1930er Jahren von zwei 8-mm-Maschinengewehren Fiat Modell 1935 (mit 5760 Schuss) ersetzt. Fahrzeuge, die mit dem Funkgerät RFCR ausgestattet wurden, waren unbewaffnet; eine Bewaffnung wurde lediglich vorgetäuscht. Einige Fiat-3000-Panzer fanden Abnehmer in Litauen und Albanien.

Technische Beschreibung

Der Fiat 3000 war ähnlich gebaut wie der Renault FT-17. Sein wassergekühlter 4-Zylinder-Fiat-Motor war im Heck des Panzerkampfwagens quer eingebaut. Die Besatzung saß vorne. Fahrzeuge, die noch während des Zweiten Weltkriegs im Dienst waren, hatten als Bewaffnung zwei 8-mm-Zwillingsmaschinengewehre Fiat 1935. Der Turm war mit einer Faltkuppel ausgestattet. Die Panzerung des Fiat 3000 bestand aus verschraubten Blechen mit einer maximalen Dicke von 16 mm. Sein Heck war abnehmbar wie beim Renault FT, um so das Überqueren von Gräben zu erleichtern.

Einige Fahrzeuge besaßen ein RFCR-Funkgerät und eine Antenne am Heck, waren aber nicht bewaffnet.

Taktischer Einsatz

Fiat 3000 Modell 1921-Kampfwagen waren in Italien bis 1933 dem Panzerregiment zugeteilt und nahmen in der zweiten Hälfte der 1930er Jahre an den ersten Manövern der neu gebildeten Panzerbrigaden teil. Seit 1938 besaßen diese Panzer die Bezeichnung L 5/21 (»L« für leichter Panzerwagen, »5« für Tonnage und »21« für das Jahr der offiziellen Einführung). Obwohl veraltet, nahmen diese Kampffahrzeuge an den Kämpfen in den Westalpen im Juni 1940 teil, an den Operationen in Albanien im Jahr 1940/1941, an der Verteidigung der italienischen Inseln des Dodekanes und an den Kämpfen in Sizilien.

Am 10. Juli 1943 wurden mehrere Fahrzeuge bei Gela durch amerikanische Landeinheiten sowie den Beschuss alliierter Kriegsschiffe zerstört.

Hersteller	Fiat
Ursprungsbez.	Fiat 3000 Modell 1921 (oder L 5-21)
Besatzung	2
Gefechtsgewicht	5500 kg
Länge	3610/4170 mm
Breite	1640 mm
Höhe	2190 mm
Bodenfreiheit	-
Motor	Fiat, 4-Zyl.-Benzin
Hubraum	6235 cm^3
Leistung kW/PS	36,62/50
Leistungsgewicht	11 PS/t
Höchstgeschwindigkeit	20–21 km/h (Straße), 10 km/h (Gelände)
Kraftstoffvorrat	bis 95 Liter
Fahrbereich	95 km (1 km/l), 8 Stunden (Gelände)
Bewaffnung	1 x 6,5-mm-Zwillings-MG S.I.A. oder 1 x 6,5-mm-Zwillings-MG Modell 1929 (5760 Schuss)
Schwenkber./Elevation	360° / -12° +15°
Panzerung	6–16 mm
Kletterfähigkeit	0,60 m
Überschreitfähigkeit	max. 1,5 m
Watfähigkeit	max. 1,1 m
Steigfähigkeit	41%

Fiat 3000 Modell 1921.

Fiat 3000 Modell 1930

Entwicklung und taktischer Einsatz

Zwischen 1928 und 1929 wurde die Version des Panzers Fiat 3000 Modell 1921 überarbeitet und verbessert, beispielsweise durch die Bewaffnung mit einer 3,7-cm-Kanone L /40. In den folgenden Jahren wurden 50 Exemplare dieses Kampffahrzeuges hergestellt und umbenannt in Fiat 3000 Modell 1930. Sie waren mit einem stärkeren Motor ausgerüstet, um die Zunahme des Gewichts um etwa 400 kg zu kompensieren. Diese neuen Fahrzeuge taten Dienst als Befehlswagen für die Panzerkompanie. In dieser Funktion nahmen sie an zahlreichen militärischen Übungen in den 1930er Jahren sowie an militärischen Operationen in Albanien teil.

Hersteller	Fiat
Ursprungsbez.	Fiat 3000 Modell 1930 (oder L 5-30)
Besatzung	2 (Panzerkommandant / MG-Schütze, Fahrer)
Gefechtsgewicht	5900 kg
Länge	4290 mm
Breite	1670 mm
Höhe	2190 mm
Bodenfreiheit	350 mm
Motor	Fiat, 4-Zyl.-Benzin
Hubraum	6235 cm^3
Leistung kW/PS	46,15/63
Leistungsgewicht	11,25 PS/t
Höchstgeschwindigkeit	21 km/h (Straße)
Kraftstoffvorrat	bis 89,5 Liter
Fahrbereich	88 km (1 km/l), 6 Stunden (Gelände)
Bewaffnung	1 x 6,5-mm-Zwillings MG S.I.A. oder 1 x 3,7-cm-Kanone L/40
Schwenkber./Elevation	360° / -12° +15°
Panzerung	6–16 mm
Kletterfähigkeit	max. 0,6 m
Überschreitfähigkeit	max. 1,5 m
Watfähigkeit	max. 0,9 m
Steigfähigkeit	max. 41%

Fiat 3000 Modell 1930 im Schnee.

BT-2, BT-5, BT-7 und BT-7M

Entwicklung, technische Beschreibung und Produktion

Anfang der 1930er Jahre importierte die Sowjetunion illegal zwei Christie-Panzer ohne Geschütztürme mit falschen Dokumenten, in denen sie als »landwirtschaftliche Traktoren« ausgewiesen wurden. Die sowjetischen Geheimdienste hatten die technischen Details des Christie-Panzers herausgefunden.

Das Konstruktionsbüro der KhPZ-Industriebetriebe unter der Leitung von Morozov entwickelte daraufhin ein neues Konzept eines schnellen Panzers (abgeleitet vom Christie M1931), der für die damalige Zeit mit einer ausgezeichneten Bewaffnung und einer leichten Panzerung ausgestattet war.

Im Herbst 1931 wurden die ersten BT-2-Prototypen fertiggestellt. Nach weiteren Modifikationen ging er im darauffolgenden Jahr in Produktion. Diese Panzer waren mit einer 37-mm-Kanone (96 Schuss) des Modells 1930 und einem koaxialen Maschinengewehr DT ausgestattet, die in einem Turm installiert waren.

Die Sowjets erwarben die Lizenz für die Produktion des amerikanischen Liberty L 12-Motors, wassergekühlt, mit einer Leistung von 400 PS (298 kW), gebaut als M5-400. Während der Tests erreichten die Prototypen dieser neuen Panzergeneration nach Angaben einiger Autoren unglaubliche Geschwindigkeiten von über 60 Meilen pro Stunde.

Die KhPZ-Industrieanlagen lieferten bis 1935 etwa 600 BT-2. Aufgrund des chronischen Mangels an 3,7-cm-Kanonen war ihre Bewaffnung, anders als ursprünglich geplant, nicht standardisiert. Viele BT-2-Panzer hatten anstelle der Kanone zwei DP-28-Zwillings-MG (Degtjarjow Modell 1928). Einige Fahrzeuge waren mit einem Funkgerät ausgestattet.

Kurz darauf wurden zwei weitere Prototypen fertiggestellt, die unter den Namen BT-3 und BT-4 bekannt sind, und über wichtige Modifikationen an Rumpf und Aufhängung verfügten. Diese Modifikationen wurden auch für die neue Version dieses schnellen Panzers, den BT-5, verwendet. Dieser Panzer war mit einem zweisitzigen Turm (ähnlich dem des T-26) ausgestattet, der mit einer 4,5-cm-Modell 32-Kanone (115 Schuss) und einem koaxialen Maschinengewehr DT-5 bewaffnet war. Diese Modifikationen bewirkten eine Erhöhung des Gewichts des Panzers auf 11,5 t. Der Motor und die Treibstoffmenge blieben jedoch gleich, so dass die Geschwindigkeit und die Fahrreichweite drastisch abnahmen (45 km/h bzw. 200 km) zugunsten einer erhöhten Feuerkraft. KhPZ stellte zwischen 1933 und 1935 über 1800 BT-5 her. Wenige Exemplare wurden mit einer 7,62-cm-Haubitze bewaffnet.

Ein leichter Panzer BT-5 der finnischen Armee neben Soldaten und Offizieren, darunter General Paavo Talvela. (SA-Kuva Fotoarchiv, Bildnummer 43880)

1935 begann die Entwicklung des BT-7, der einen neu gestalteten Rumpf bekam. Darüber hinaus verfügte er über einen Tank mit 620 Litern Benzin und einen neuen Motor, den M-17T mit 500 PS Leistung (abgeleitet von einem BMW-Motor und lizenziert). Das Panzerfahrzeug erreichte nun eine Höchstgeschwindigkeit von 86 km/h und eine Reichweite von 250 km. Im Turm wurde die 4,5-cm-Kanone Modell 35 (146 Schuss) installiert, die eine bessere Leistung als die Vorgängerversion bot.

Die sowjetischen Konstrukteure schufen zwei Versionen an Befehlsfahrzeugen (BT-7U und BT-7V) mit Drahtantennen anstelle der Hufeisenantennen.

Das BT-7 Modell 1937 (BT-7M) hatte einen neuen konischen Turm, abgeleitet vom T-26 (Modell 1937), der mit Hornperiskopen, besserer Panzerung und mehr Munition ausgestattet war. In den folgenden Jahren wurden weitere Verbesserungen eingeführt, wie z. B. das TOS, das Geschützvisier, um die Schussgenauigkeit des Panzers während der Fahrt zu verbessern. Insgesamt wurden sicherlich mehr als 2700 BT-7-Panzer und etwa hundert BT-7A-Selbstfahrlafetten (mit 7,6-cm-M1927-Kanone, 50 Schuss) hergestellt.

Taktischer Einsatz

Die schnellen Panzer der BT-Serie mit ihrer ausgezeichneten Bewaffnung und ihrer leichten Panzerung erbrachten eine deutlich bessere Leistung als andere gepanzerte Fahrzeuge derselben Kategorie. Während des Spanischen Bürgerkriegs kämpfte ein Bataillon mit BT-5-Panzern für die republikanische Fraktion. Diese waren in der Lage, mit ihren 4,5-cm-Kanonen deutsche und italienische leichte Panzer zu zerstören, die weniger gut gepanzert waren.

Die Panzer BT-5 und BT-7 nahmen auch an den Kampfhandlungen entlang der japanischen Grenze teil. Auch hier dominierten die BT-Panzer im Allgemeinen über die feindlichen leichten Panzer. An der Besetzung Ostpolens im September 1939 waren BT-5- und BT-7-Panzer ebenfalls beteiligt. Im Sowjetisch-Finnischen Winterkrieg hingegen waren sie weniger erfolgreich. Die Rote Armee setzte eine große Anzahl von BT-2-, BT-5- und BT-7-Panzern im Gebiet des Ladoga-

Im Vordergrund ein sowjetischer leichter Panzer BT-5, den die Finnen während des Winterkrieges erbeutet hatten. (SA-Kuva Fotoarchiv, Bildnummer 4767)

sees ein, wo ihre Verluste aufgrund der Geschicklichkeit der finnischen Truppen, die die gegnerischen Panzer mit ihren Panzerabwehrwaffen ausschalteten, des (extrem rauen) Geländes und des Schnees sehr hoch waren.

Finnische Truppen erbeuteten nördlich des Ladogasees eine große Anzahl an BT-Panzern, konnten sie aber nicht bergen, da es ihnen an geeigneten Zugfahrzeugen mangelte, um solch schwere Panzer abzuschleppen. Während des Fortsetzungskrieges ab 1941 konnten die Finnen ebenfalls zahlreiche BT-5- und BT-7 Panzer erbeuten, die nur wenig beschädigt waren, so dass sie schnell repariert werden konnten. Sie dienten als Verstärkung der schwachen Panzerabteilungen. Mehrere BT-5-, BT-7-, BT-7M- und BT-7A-Panzer wurden auch von der deutschen Armee erbeutet (und umbenannt in PzKpfw BT 742(r)) und zu Kampf- und Aufklärungszwecken, aber auch zur Kontrolle der besetzten Gebiete und als Übungsfahrzeuge verwendet.

Hersteller	KhPZ-Indus.	KhPZ-Indus.	KhPZ-Indus.	KhPZ-Indus.
Ursprungsbez.	BT-2	BT-5	BT-7	BT-7A
Besatzung	3	3	3	3
Gefechtsgewicht	10,2 t	11,5 t	14 t	14,5 t
Länge	5,58 m	5,58 m	5,66 m	5,66 m
Breite	2,23 m	2,23 m	2,29 m	2.29 m
Höhe	2,20 m	2,25 m	2,42 m	2,52 m
Bodenfreiheit	-	-	-	-
Motor	1 x Liberty L-12, Ottomotor, 400 HP	1 x M-5, Ottomotor, 400 HP	1 x Mikulin M-17T, Ottomotor	1 x Mikulin M-15T/ M-17T Ottomotor
Hubraum	-	-	-	-
Leistung kW/PS	-	-	298/405	-
Leistungsgewicht	39 PS/t	35 PS/t	36 PS/t	34 PS/t
Höchstgeschwindigkeit	100 km/h	72 km/h	86 km/h	86 km/h
Kraftstoffvorrat	-	-	-	-
Fahrbereich	300 km	200 km	250 km	250 km
Bewaffnung	1 x 3,7-cm-Modell 30 (96 Schuss) 1 x 7,62 mm-MG DT	1 x 4,5-cm-Mod. 32 (115 Schuss), 1 x 7,62-mm-MG DT	1 x 4,5-cm-Mod. 34-L/46 (146 Schuss) 1 x 7,62-mm-MG DT	1-7,62-cm-Modell-KT-28 (50 Schuss), 2 x 7,62 mm-MG-DT
Panzerung	6–13 mm	6–13 mm	6–13 mm	6–22 mm

Carden Lloyd MK VI (C.V. 29) / C.V. 30/31

Das italienische Heer bekundete während des Ersten Weltkriegs großes Interesse an den französischen Panzern. Fiat begann im Jahre 1919 die Lizenzfertigung der hundert Renault FT-17 (bekannt als Fiat 3000), die ab 1921 den Panzereinheiten zugeteilt wurden. In den folgenden Jahren fand das Heer Gefallen an den gepanzerten Fahrzeugen der britischen Firma Vickers Armstrong. Sie kaufte 1928 vier leichte Panzerwagen Carden Lloyd MK VI, die von mehreren anderen Nationen ebenfalls erworben (oder nachgebaut) wurden.
Die italienischen Firmen stellten unter Lizenz weitere 21 Exemplare her. Die Bewaffnung bestand aus einem wassergekühlten Maschinengewehr Fiat 1914, welches das Vickers-MG ersetzte. Auf diesen Kampffahrzeugen, die den offiziellen Namen Carro Veloce 29 (oder C.V. 29) trugen, wurden 4-Zylinder-Benzinmotoren der Marke Ford T 17 montiert. Ansaldo baute im Jahre 1929 einen ersten Prototyp, der mehrere Verbesserungen gegenüber dem Carden Lloyd MK VI aufwies. Mit ihm wurden verschiedene Tests durchgeführt. Fiat und Ansaldo produzierten in den folgenden zwei Jahren weitere Prototypen (C.V. 30 und C.V. 31), die geschlossene Fahrgestelle sowie Fiat-Benzin-Motoren besaßen, aber die gleiche Bewaffnung behielten. Sie wurden für die Entwicklung des leichten Panzerkampfwagens C.V. 33 eingesetzt.

Hersteller	Vickers Armstrong
Ursprungsbez.	Carro Veloce Carden Loyd C.V. 29
Besatzung	2 (Panzerkommandant / MG-Schütze, Fahrer)
Gefechtsgew.	1700 kg
Länge	2500 mm
Breite	1700 mm
Höhe	1280 mm (m. Kuppel), 1000 mm (o. Kuppel)
Bodenfreiheit	-
Motor	Ford T, 4-Zyl.-Benzin
Hubraum	2900 cm³
Leistung kW/PS	14,60/20
Leistungsgew.	11,6 PS/t
Höchstgeschw.	40 km/h (Straße)
Kraftstoffvorrat	bis 27 Liter
Fahrbereich	100 km (3,70 km/l), 2 Stunden (Gelände)
Bewaffnung	1 x 6,5-mm-MG Fiat Modell 1914 aviazione
Schwenkber./ Elevation	k. A.
Panzerung	6–9 mm
Watfähigkeit	max. 0,35 m
Überschreitfähigkeit	max. 1,10 m

Im Vordergrund ein sowjetischer leichter Panzer BT-5, den die Finnen während des Winterkrieges erbeutet hatten.

T-26

Entwicklung und Herstellung

Die Sowjetunion erwarb im Jahr 1930 zwei Panzer Vickers-6-ton und den dazugehörigen Lizenzvertrag von der britischen Firma Vickers. 1931 begann die Herstellung der ersten Serie dieser leichten Panzerkampfwagen, die zwei nebeneinanderliegende MG-Türme besaßen. Die Drei-Sitz-Version war für einen leichten Panzer nicht optimal. Als nächster Schritt erfolgte die Installation einer 2,7-cm-Kanone in einem der beiden Türme anstelle des Maschinengewehrs (T-26 A-4). Die Version von 1932 besaß noch zwei Türme, von denen einer jedoch ein 3,7-cm-Geschütz trug. Das sowjetische Werk produzierte ab 1933 ein Modell des T-26 B-1, das nur einen einzigen Drehturm mit einer 4,5-cm-Kanone L/46 sowie ein koaxiales DT-MG besaß.

Der Panzerbefehlswagen besaß eine Rahmenantenne. In den folgenden Jahren wurden weitere Prototypen entworfen, die ab 1936 den Bau einer besser geschützten Version erlaubten, bekannt als Modell 1936. Im Turmheck wurde ein zweites DT-Maschinengewehr in einer Kugelblende sowie auf dem Turm eine Flak-MG-Lafette montiert. Die Produktion des Fahrzeugs dauerte bis 1941. Insgesamt wurden schätzungsweise bis zu 12.000 gepanzerte Fahrzeuge einschließlich der verschiedenen Varianten hergestellt.

Technische Beschreibung

Dieser Infanterieunterstützungspanzer war mit einem GAZ T-26 6-Zylinder-Motor ausgestattet, der eine Leistung von 91 PS und eine Geschwindigkeit von etwa 30 km/h gewährleistete. Als Hauptbewaffnung diente eine 45-mm-Kanone mit einem Lauf des Kalibers 46. Aufgrund seiner Reichweite von über 1000 Metern war er in der Lage, jeden Panzer seiner Zeit zu zerstören. Weiter gehörten zu seiner Bewaffnung zwei 7,62-mm-Degtjarjow-Maschinengewehre. Seine Panzerung aus flachen Platten hatte eine Dicke zwischen 15 mm und maximal 22 mm. Seine Leistung war zwar nicht optimal, aber besser als die damaligen italienischen und deutschen leichten Panzerkampfwagen.

Von der Corpo Truppe Volontarie verwendete T-26-Panzer. (Sammlung Fratti)

Hersteller	Staatsbetriebe der UdSSR
Ursprungsbez.	T-26
Besatzung	3
Gefechtsgew.	9600–10.400 kg
Länge	4880 mm
Breite	2410 mm
Höhe	2420 mm
Bodenfreiheit	-
Motor	GAZ-T-26, 6-Zyl.-Ottom.
Hubraum	k. A.
Leistung kW/PS	66/91
Leistungsgew.	9,4 PS/t
Höchstgeschw.	32 km/h (Straße), 12 km/h (Gelände)
Kraftstoffvorrat	290 Liter
Fahrbereich	240 km (0,82 km/l)
Bewaffnung	1 x 4,5-cm-Kanone L/46, 1 x 7,62-mm DT-MG koaxial
Schwenkber. / Elevation	-
Panzerung	6–16 mm
Watfähigkeit	max. 0,8 m
Überschreitfähigkeit	-

Taktischer Einsatz

Die UdSSR lieferte im Spanischen Bürgerkrieg an die republikanische Armee viele Panzerkampfwagen T-26 B, die dort gegen die Panzer I, L 3/33 und L 3/35 kämpften. Der T-26 besaß eine stärkere Kanone und eine bessere Panzerung als die italienischen Tanketten. Die Corpo Truppe Volontarie erbeutete während dieser Kämpfe einige T-26, die später von den italienischen Panzereinheiten verwendet wurden. Als die sowjetischen Streitkräfte während des Sowjetisch-Finnischen Winterkrieges, der am 30. November 1939 begann, die finnische Grenze überquerten, verwendeten sie anfangs über 2500 Panzer unterschiedlichster Art, insbesondere aber die T-26-Panzerkampfwagen.

Die sowjetischen Verluste an Mensch und Material waren extrem hoch. Das lag an den schweren Fehlern der Roten-Armee-Führung, an der Beschaffenheit der finnischen Landschaft und auch an den schlechten Witterungsverhältnissen. Während des Krieges erbeuteten die finnischen Truppen etwa 110 T-26 in verschiedenen Varianten. Mehr als zwei Drittel dieser Fahrzeuge wurden nach den notwendigen Reparaturen bei der finnischen Armee in Dienst gestellt, die sie bis zum Sommer 1941 einsetzte.

Sowjetische T-26-Panzer, die während des Winterkrieges von der finnischen Armee erbeutet worden waren. (SA-Kuva Fotoarchiv, Bildnummer 3571)

T-26 im Dienst der finnischen Armee. (SA-Kuva, Bildnummer 8369)

Carro-Veloce 33 1. und 2. Serie (C.V. 33, 1938 L 3/33 1940 L 33)

Hersteller	Ansaldo Fossati-Fiat
Ursprungsbez.	Carro veloce C.V. 33 – 1938 L 3/33, 1940 L 33
Besatzung	2
Gefechtsgewicht	3100 kg
Länge	3150 mm
Breite	1400 mm
Höhe	1280 mm
Bodenfreiheit	250 mm
Motor	SPA C.V.-3-005, 4-Zyl.Ottom.
Hubraum	2746 cm^3
Leistung kW/PS	31,5/43
Leistungsgewicht	13.87 PS/t
Höchstgeschwindigkeit	42 km/h (Straße), 10–12 km/h (Gelände)
Kraftstoffvorrat	65 Liter
Fahrbereich	Fahrbereich 130–140 km (2 km/l)
Bewaffnung	Serie I: 1 x 6,5-mm-MG Fiat Modell 1914, Serie II: 1 x 8-mm-Zwill.-MG Fiat 35 oder Breda 1938
Schwenkber./Elevation	li. u. re. 12° / -12° +15° (Breda 1938)
Panzerung	6–13,5 mm
Kletterfähigkeit	max. 1,45 m
Überschreitfähigkeit	max. 0,70 m
Watfähigkeit	-
Steigfähigkeit	41%

Entwicklung und Herstellung

Das italienische Heer war während des Ersten Weltkriegs sehr interessiert an den französischen Panzern Renault FT-17 und Schneider M 16. Im Jahre 1919 begann die Lizenzproduktion von 100 Panzerkampfwagen FT-17, die allerdings wichtige Modifikationen erhielten. Die ersten Exemplare bekamen die Panzereinheiten ab 1921 geliefert. In den folgenden Jahren zeigte die Armee großes Interesse an den Kampffahrzeugen der britischen Firma Vickers-Armstrong. Sie kaufte 1928/29 einen Vickers-6-ton- und vier Carden-Lloyd-MK-VI-Panzer und testete diese für längere Zeit. Die Firma Ansaldo produzierte 1929 den ersten Prototyp (ohne Dach) des leichten Panzerkampfwagens, der mehrere Verbesserungen gegenüber dem Panzer Carden Lloyd MK VI aufwies. Im Jahr 1931 stellte die gleiche Firma einige geschlossene Prototypen fertig, mit denen zahlreiche Tests durchgeführt wurden. Ihre Bewaffnung bestand aus jeweils einem 6,5-mm-MG. Die Firma Ansaldo baute 1933 die erste Serie an Carro-Veloce-33-(oder C.V. 33)-Panzern, die keinen Drehturm besaßen. Sie wurden von maximal 13,5-mm-dicken Stahlplatten geschützt. Der Panzerkampfwagen besaß einen Vier-Zylinder-Benzinmotor (C.V.3005) mit einer Leistung von 43 PS.

Die Höchstgeschwindigkeit auf der Straße betrug 42 km/h. Die erste Serie wurde mit nur einem 6,5-mm-MG Fiat Modell 1914 ausgerüstet. Im Jahr 1934 wurde die zweite Serie des C.V. 33 entwickelt, deren Bewaffnung aus zwei 8-mm-MG Fiat Modell 1914/1935 bestand. Vorteile der Tankletten waren ihre hohe Geschwindigkeit und ihre geringe Größe, aber sie verfügten im Gegenzug nur über eine schwache Bewaffnung und eine leichte Panzerung. 1938 wurden sie in L 3/33 und 1940 in L 33 umbenannt. Die italienische Armee bezeichnete mit dem Buchstaben L leichte Panzerkampfwagen und gab dahinter das Baujahr an.

Technische Beschreibung

Der Rumpf des Wagens bestand aus Stahlplatten, die so verbunden waren, dass sie einen unverformbaren Komplex bildeten. Die Panzerung bot wirksamen Schutz gegen Gewehr- und Maschinengewehrkugeln, Granatsplitter und gegen kleinkalibrigen Artilleriebeschuss. Im Kampfraum befanden sich die Besatzung, die Waffen, die Getriebe- und Steuerungskomponenten sowie der Kraftstofftank. Motor und Kühler hingegen waren davon getrennt untergebracht. Die Maschinengewehre des Panzers befanden sich in seinem Turm, ebenso die Sichtluken des Fahrers. Die MG wurden mit einem Haltestift an einer Halterung befestigt und von innen geladen und bedient. Die Panzerkampfwagen Breda und Solothurn besaßen außerdem Zielfernrohre.

Die Maschinengewehre waren effektiv auf maximal 400 Meter. Der nicht schwenkbare Turm machte den Panzer allerdings besonders anfällig für Angriffe von hinten. Der Lufteinlass befand sich ebenfalls auf der Rückseite, im oberen Teil des Turms selbst. Der Zugang zum Fahrzeug erfolgte über zwei Öffnungen in der Abdeckplatte, die mit speziellen Luken verschlossen werden konnten. Aufgrund der Position der Luken war es für die Besatzung praktisch unmöglich, im Falle eines Überschlags das Fahrzeug zu verlassen. Der C.V. 33 hatte einen 4-Zylinder-SPA C.V.-3-005-Motor mit 2746 cm^3 Hubraum.

Taktischer Einsatz

Vor dem Zweiten Weltkrieg waren C.V. 33 die wichtigsten Panzerkampfwagen der Aufklärungs- und motorisierten italienischen Einheiten gewesen und hatten an der Invasion Äthiopiens und am Spanischen Bürgerkrieg teilgenommen.

Leichter Panzerkampfwagen L 3/33, Serie II. ((Bild rechts) Sammlung Ansaldo)

Einige C.V. 33 wurden während des Krieges mit Italien (1935–1936) von äthiopischen Streitkräften beschlagnahmt.

Während des letzteren Konflikts schleppte der Panzerkampfwagen C.V. 33 des italienischen Corpo Truppe Volontarie eine 4,7-cm-Panzerabwehrkanone L 32, welche die sowjetischen Panzer vom Typ T-26 – solche Kampffahrzeuge verwendeten Panzereinheiten der Republikaner – zerstören konnten.
Als Italien am 10. Juni 1940 in den Krieg eintrat, griffen vier Bataillone mit den leichten Panzern L 33 und L 35 die Verteidigungsanlagen entlang der französischen Grenze im Sektor Aosta an und erlitten sowohl Verluste durch feindlichen Beschuss als auch durch die Explosionen von Minen.
Während des Zweiten Weltkrieges kamen diese Panzerfahrzeuge an vielen Fronten (Albanien, Griechenland, UdSSR, Jugoslawien, in den italienischen Kolonien in Afrika, etc.) zum Einsatz. Seit 1941 begann die italienische Armee damit, diese Fahrzeuge wegen ihrer schlechten Bewaffnung und Panzerung von der Front zurückzuziehen.

Ansaldo einsitziger Panzer MIAS und MORAS

Entwicklung

In den 1930er Jahren, einer Zeit großer Experimente im militärischen Bereich, stellte Ansaldo zwei Prototypen her – Motomitragliatrice blindata d'assalto (MIAS, Gepanzerte Maschinengewehr-Fahrzeuge) und Moto-mortaio blindato d'assalto (MORAS, Gepanzerte Mörser-Fahrzeuge) – die als die kleinsten gepanzerten Fahrzeuge gelten können, die je entwickelt worden sind. In sie flossen die Erfahrungen aus dem Ersten Weltkrieg. Den Entwicklern zufolge boten diese leichten Fahrzeuge den Soldaten bei Angriffen gegen feindliche Stellungen einen guten Schutz.

Das Unternehmen stützte sich bei der Entwicklung dieser Prototypen auf die Erfahrungen der britischen Ein-Mann-Panzerkampfwagen Carden Lloyd und Morris Martel. Das britische Kriegsministerium (War Office) bestellte zwölf Fahrzeuge des Typs Morris Martel.

Dieses Projekt wurde nach wenigen Jahren wieder aufgegeben, denn ein einzelner Mann konnte nicht das Fahrzeug fahren und gleichzeitig mit den Maschinengewehren schießen. Die italienischen Prototypen ermöglichten es allerdings, Erfahrungen für die Entwicklung der leichten Panzerkampfwagen zu sammeln.

Technische Beschreibung

Der MIAS hatte eine Länge von mehr als einem Meter und war auf der Rückseite offen. Er wurde durch Stahlplatten (ballistischer Stahl) geschützt, die miteinander vernietet waren, um den Fahrer vor Beschuss zu schützen.

Das Fahrzeug war mit einem Einzylindermotor der Firma Frera mit einem Hubraum von 250 cm^3 ausgestattet, der eine Geschwindigkeit von ca. 5 km/h vorwärts und 2 km/h rückwärts ermöglichte. Die Bewaffnung der MIAS bestand aus zwei leichten 6,5-mm-Scotti-Maschinengewehren mit etwa 1000 Schuss.

Der MORAS hatte den gleichen Motortyp mit der gleichen Leistung eingebaut, unterschied sich aber von dem MIAS durch den 5-cm-Schnellfeuermörser 35 Brixia. Das Fahrzeug konnte etwa 50 Schuss Munition aufnehmen.

Der MORAS-Prototyp.

Das Heck des Fahrzeugs MIAS.

L 35 / Radio

Eine nicht geringe Anzahl von Fahrzeugen aller Versionen wurde mit Funk ausgestattet und als Befehlswagen eingesetzt, daher war er für die Kommandanten von Kompanien oder Bataillonen bestimmt. Diese Fahrzeuge wurden zunächst mit dem R. F. 3 C. V.-Funkgerät, das während des Krieges von Äthiopien 1935–36 eingesetzt wurde, gelegentlich mit Siemens-Funkgeräten und seit 1941 mit dem R. F. 1 CA. ausgestattet.

Hersteller	Ansaldo Fossati-Fiat
Ursprungsbez.	L 35 / r. (radio)
Besatzung	2
Gefechtsgewicht	3456 kg
Länge	3150 mm
Breite	1400 mm
Höhe	1280 mm
Bodenfreiheit	250 mm
Motor	SPA C.V.-3-005, 4-Zyl.-Ottom.
Hubraum	2746 cm^3
Leistung kW/PS	31,5/43
Leistungsgewicht	12,44 PS/t oder 0,70 km/cm^3
Höchstgeschwindigkeit	42 km/h (Straße), 14 km/h (Gelände)
Kraftstoffvorrat	62 Liter
Fahrbereich	150 km (2 km/l), 6 Stunden (Gelände) +
Bewaffnung	2 x 8-mm-MG Fiat Modell 1935 oder Breda Modell 1938, einige 1 x 8-mm-FlakMG Modell 1938
Schwenkber./Elevation	li. u. re. 12° / +15° -12° (Breda 1938)
Panzerung	6–13,5 mm
Kletterfähigkeit	max. 0,40 m
Überschreitfähigkeit	max. 1,45 m
Watfähigkeit	max. 0,70 m
Steigfähigkeit	max. 70%

L 35-Panzerkolonne mit dem R.F. 3 C.V.-Funkgerät (seit 1941 mit dem R.F. 1 CA).

L 3/38 (1940 L 38)

Entwicklung und Herstellung

Der L 3/38 gehörte zur letzten Serie dieses Panzerkampfwagens und wies mehrere bedeutende Verbesserungen auf, um frühere Mängel (wie nicht vorhandene Raupenketten oder die unzureichende Bewaffnung) zu beseitigen. Die wichtigsten Änderungen waren eine modifizierte Aufhängung, eine neue Raupenkette, ein Periskop für den Fahrer und ein 12,7-mm-Maschinengewehr Breda Modell 1931, das die alten Waffen ersetzte. Einige Prototypen wurden 1937 auf dem felsigen Boden in Sizilien und im Testzentrum C.S.E.M. in Rom erprobt. Im selben Jahr wurde ein C.V. 33 der Serie II mit einem 12,7-mm-MG Breda an das brasilianische Heer geliefert, das als Prototyp verwendet wurde. Die Abnahmeprüfungen ergaben gute Resultate und die Firma Ansaldo rüstete daraufhin eine geringe Anzahl der Fahrzeuge auf die neue Version auf. Während des Krieges wurden weitere leichte Panzer diesen Umrüstungen unterworfen. Ab 1939 verteilte man die modifizierten Exemplare auf die Panzereinheiten, welche schon die Panzer L 3/35 und L 3/33 verwendeten, wodurch der L 3/38 an allen Fronten zum Einsatz kam.

Hersteller	Ansaldo Fossati-Fiat
Ursprungsbez.	L 3/38 (1940 L 38)
Besatzung	2
Gefechtsgewicht	3200 kg
Länge	3200 mm
Breite	1460 mm
Höhe	1300 mm
Bodenfreiheit	250 mm
Motor	SPA C.V.-3-005, 4-Zyl.-Ottom.
Hubraum	2746 cm^3
Leistung kW/PS	31,5/43
Leistungsgewicht	13,44 PS/t
Höchstgeschwindigkeit	42 km/h (Straße), 14 km/h (Gelände)
Kraftstoffvorrat	65 Liter
Fahrbereich	120 km (2 km/l), 6 Stunden (Gelände)
Bewaffnung	1 x 13,2-mm-MG Breda 1935
Schwenkber./Elevation	k. A.
Panzerung	6–13,5 mm
Kletterfähigkeit	max. 0,40 m
Überschreitfähigkeit	max. 1,45 m
Watfähigkeit	max. 0,70 m
Steigfähigkeit	max. 65–70%

Leichter Panzerkampfwagen L 38. (Sammlung A. de Marchi)

Brückenlegepanzer L 3/33

Entwicklung und Herstellung

Die italienischen Firmen benutzten das Chassis der leichten Panzerkampfwagen L 3/33 der zweiten Serie, um eine begrenzte Anzahl dieser Brückenlegepanzer zu produzieren, die in Übungen und während des Manövers im Jahr 1937 in Irpinia verwendet wurden. Einige Historiker glauben jedoch, dass diese unbewaffneten Fahrzeuge nicht am Zweiten Weltkrieg teilnahmen. Der Brückenlegepanzer L3/33 transportierte und verlegte eine Brücke, mit der man Hindernisse, Panzergräben und Kanäle überwinden konnte, die eine Länge von bis zu 6 m oder eine Höhe von bis zu 4,5 m aufweisen durften.

Die Brücke bestand aus vier Segmenten unterschiedlicher Länge – zwei 2-Meter- und zwei 1,5-Meter-Teile –, die miteinander kombiniert werden konnten. Jedes 1,5 m lange Segment wog 100 kg und jedes 2 m lange 120 kg. Die Segmente wurden miteinander durch rohrförmige Stützen und Querverstrebungen verbunden. Die vier Segmente und die Montage-Ausrüstung wurden auf einem speziellen Anhänger transportiert. All diese Geräte wogen etwa 600 kg. Der Anhänger wurde abgehängt, wenn der Brückenlegepanzer in seinem Einsatzgebiet ankam. Zwei Besatzungsmitglieder montierten die Brücke in einer durchschnittlichen Zeit von 15–20 Minuten mit Hilfe von Flaschenzügen.

Nachdem die gesamte Panzerabteilung über die Brücke gefahren war, musste der Brückenlegepanzer selber das Hindernis überwinden. Anschließend wurden die Brückensegmente demontiert und an Bord gebracht. Danach konnte er seine Fahrt fortsetzen.

Hersteller	Ansaldo Fossati – Fiat
Ursprungsbez.	Carro veloce passerella
Besatzung	2
Gefechtsgewicht	ca. 3730 kg
Länge	3150 mm
Breite	1400 mm
Höhe	1280 mm
Bodenfreiheit	250 mm
Motor	SPA C.V.-3-005, 4-Zylinder-Ottom.
Hubraum	2746 cm^3
Leistung kW/PS	31,5/43
Leistungsgewicht	13,87 PS/t
Höchstgeschwindigkeit	42 km/h (Straße), 10–12 km/h (Gelände)
Kraftstoffvorrat	65 Liter
Fahrbereich	130–140 km (2 km/l)
Bewaffnung	keine
Schwenkber./Elevation	-
Panzerung	6–13,5 mm
Kletterfähigkeit	max. 0,40 m
Überschreitfähigkeit	max. 1,45 m
Watfähigkeit	max. 0,70 m
Steigfähigkeit	max. 70%

Der Brückenlegepanzer L 3/33 in einem Manöver bei Civitavecchia 1937. (Sammlung A. de Marchi)

L 3/33 und L 3/35 mit einem Flak-MG

Entwicklung

Einige Dutzend Exemplare von L 33- und L 35-Panzern besaßen ein 8-mm-Flak-Maschinengewehr, entweder ein Fiat Mod. 1935 oder ein Breda Mod. 1938, das auf dem Dach des Panzerwagens montiert war. Einige gepanzerte Einheiten führten diese Änderungen an den Fahrzeugen durch. Man kann nicht wirklich von einem Flak-Fahrzeug sprechen, denn nur der Prototyp war mit vier 20-mm-Kanonen ausgerüstet. Die Modifizierungen erzielten nicht die gewünschten Ergebnisse aufgrund des begrenzten Schwenkbereichs der Waffe, der nur Frontalangriffe abdecken konnte.

Hersteller	Ansaldo Fossati – Fiat
Ursprungsbez.	Carro veloce per il tiro contraereo
Besatzung	2
Gefechtsgewicht	3456 kg
Länge	3150 mm
Breite	1400 mm
Höhe	1280 mm
Bodenfreiheit	250 mm
Motor	SPA C.V.-3-005, 4-Zyl.-Ottom.
Hubraum	2746 cm^3
Leistung kW/PS	31,5/43
Leistungsgewicht	12,44 PS/t oder 0,70 km/cm^3
Höchstgeschwindigkeit	42 km/h (Straße), 14 km/h (Gelände)
Kraftstoffvorrat	62 Liter
Fahrbereich	150 km (2 km/l), 6 Stunden (Gelände)
Bewaffnung	2 x 8-mm-MG Fiat M. 1935 oder Breda M. 1938, 1 x 8-mm-Flak-MG Fiat M. 1935 oder Breda M. 1938
Schwenkber./Elevation	li. u. re. 12° / +15° -12° (Breda 1938)
Panzerung	6–13,5 mm
Kletterfähigkeit	max. 0,40 m
Überschreitfähigkeit	max. 1,45 m
Watfähigkeit	max. 0,70 m
Steigfähigkeit	max. 70%

L 33 mit Flak-MG. (Sammlung A. de Marchi)

Panzerausbildungswagen L 3

Hersteller	Ansaldo Fossati – Fiat
Ursprungsbez.	Carro veloce da addestramen-to
Besatzung	2
Gefechtsgewicht	ca. 3330 kg
Länge	3150 mm
Breite	1400 mm
Höhe	1280 mm
Bodenfreiheit	250 mm
Motor	SPA C.V.-3-005, 4-Zyl.-Ottom.
Hubraum	2746 cm^3
Leistung kW/PS	31,5/43
Leistungsgewicht	12,44 PS/t oder 0,70 km/cm^3
Höchstgeschwindigkeit	42 km/h (Straße), 14 km/h (Gelände)
Kraftstoffvorrat	62 Liter
Fahrbereich	150 km (2,5 km/l), 6 Stunden (Gelände)
Bewaffnung	unbewaffnet
Schwenkber./Elevation	-
Panzerung	6–13,5 mm
Kletterfähigkeit	max. 0,70 mm
Überschreitfähigkeit	max. 1,45 m
Watfähigkeit	max. 0,70 mm
Steigfähigkeit	max. 70%

Entwicklung

Im Jahr 1941 begann der Rückzug der leichten Panzerkampfwagen L 3 von der vordersten Frontlinie, weil sie ungenügend bewaffnet und zu leicht gepanzert waren. Das italienische Heer verwandte einen Teil dieser Fahrzeuge für die Ausbildung der Besatzungen. Der L 3 wurde entwaffnet, um den nötigen Raum für den Ausbilder zu schaffen, der so besser die Manöver des Fahreranwärters korrigieren konnte. Dieser Panzerwagen kam in den Schulungszentren zum Einsatz, insbesondere in Civitavecchia.

Panzerausbildungswagen L 3. (Sammlung A. de Marchi)

Carro veloce Solothurn (L 35 / c.)

Herstellung und taktischer Einsatz

Eine begrenzte Anzahl der leichten Panzer L 35, die in Nordafrika stationiert waren, wurde mit der 2-cm-Panzerabwehrkanone Solothurn S-18/1000 ausgestattet, die seit 1940 von der italienischen Armee verwendet wurde. Diese Waffe, die auch auf den Lastwagen Fiat-SPA AS42 »Sahariana« installiert wurde, verwendete die Munition des 2-cm-MG Breda. Der Einbau der Waffe ermöglichte die Verwendung einiger Teile desjenigen Maschinengewehrträgers, welcher in der ersten Serie des Panzerkampfwagens L 33 eingesetzt worden war. Dank dieses Kunstgriffs konnte auch die Visierlinie auf der Achse der Schießscharte in der Panzerplatte beibehalten werden, die den Maschinengewehrschützen schützte. Dieses MG erhöhte die Waffenleistung des L 35, denn die Breda-Munition hatte schon mehrere britische Kampffahrzeuge zerstört. Die modifizierten Fahrzeuge nahmen 1941 während der ersten britischen Gegenoffensive in Nordafrika an den Kämpfen teil. Während der folgenden Operationen wurden die leichten Panzerkampfwagen durch die neuen M 13/40 ersetzt.

Hersteller	Ansaldo Fossati – Fiat
Ursprungsbez.	Carro veloce Solothurn oder L 35/c. (cannone)
Besatzung	2
Gefechtsgewicht	3100 kg
Länge	3150 mm
Breite	1400 mm
Höhe	1280 mm
Bodenfreiheit	250 mm
Motor	SPA C.V.-3-005, 4-Zylinder-Ottom.
Hubraum	2746 cm^3
Leistung kW/PS	31,5/43
Leistungsgewicht	13,87 PS/t
Höchstgeschwindigkeit	42 km/h (Straße), 10–12 km/h (Gelände)
Kraftstoffvorrat	65 Liter
Fahrbereich	130–140 km (2 km/l)
Bewaffnung	1 x 2-cm-Panzerabwehr-MG Solothurn S-18/1000 (»Carabina S«)
Schwenkber./Elevation	li. u. re. 12° / -12° +15°
Panzerung	6–13,5 mm
Kletterfähigkeit	max. 0,40 m
Überschreitfähigkeit	max. 1,45 m
Watfähigkeit	max. 0,70 m
Steigfähigkeit	-

C.V. 33 mit 2-cm-MG Solothurn in Nordafrika.

Zwei C.V. 33, bewaffnet mit 2-cm-MG Solothurn während einer Militärparade. (Sammlung A. de Marchi)

LT vz 35

Hersteller	Skoda, CKD
Ursprungsbez.	S-II-a, T-11 Nach 1939 und Czechoslovak Army Designation LT vz. 35
Besatzung	3
Gefechtsgewicht	10.500 kg
Länge	4900 mm
Breite	2060 mm
Höhe	2370 mm
Bodenfreiheit	-
Motor	Škoda-T-11-4-Zylinder-Benzinmotor
Hubraum	-
Leistung kW/PS	88/120
Leistungsgewicht	11,2 PS/t
Höchstgeschwindigkeit	34 km/h (Straße),
Kraftstoffvorrat	-
Fahrbereich	120 km
Bewaffnung	1 x 3,7-cm-Skoda ÚVvz.34 (78 Schuss), 2 x 7,62 mm-MG-ZB vz.37
Schwenkber./Elevation	-
Panzerung	max. 25 mm
Kletterfähigkeit	max. 0,8 m
Überschreitfähigkeit	max. 2,1 m
Watfähigkeit	max. 0,9 m
Steigfähigkeit	-

Entwicklung und Herstellung

Die tschechoslowakischen Firmen Skoda und CKD entwickelten diesen leichten Panzer unter der Bezeichnung Skoda LT vz 35, mit einem Gewicht von 10,50 t, in der ersten Hälfte der 1930er Jahre. Als Hauptbewaffnung hatte er eine 3,7-cm-Uvvz.34-Kanone L/40 (78 Schuss) und ein koaxiales Maschinengewehr ZB vz 37 in einem Drehturm installiert. Ein zweites Maschinengewehr befand sich auf der rechten Seite. Seine Panzerung war bis zu 25 mm dick. Für seinen Vortrieb sorgte ein Skoda T-11-4-Zylinder-Motor, der dem Panzer eine Höchstgeschwindigkeit von 34 km/h und eine Leistung von 120 PS verlieh.

Die Produktion begann 1935 und wurde nach der deutschen Besetzung der Tschechoslowakei im Auftrag der Wehrmacht bis 1940 unter dem Namen *Panzerkampfwagen 35(t)*, abgekürzt Panzer 35(t), fortgesetzt. Rumänien kaufte 126 Exemplare dieses leichten Panzers, der zwischen 1937 und 1939 geliefert wurde und die Bezeichnung R-2 trug. Aus diesem Fahrzeug entwickelte die rumänische Armee den selbstfahrenden Panzerabwehrpanzer TACAM R-2, von dem zwischen 1943 und 1944 nur 21 Exemplare gebaut wurden, darunter der Prototyp.

Panzer des Typs 35(t) der Wehrmacht beim Transport mit der Eisenbahn.

T-50

Entwicklung und Herstellung

In den Jahren vor dem Zweiten Weltkrieg investierte die Sowjetunion erhebliche Mittel in die Entwicklung einer neuen Serie leichter Panzer als Truppenbegleitfahrzeuge, die besser geschützt waren als die BT-Serie und der T-26. Zu diesen Projekten gehörte der T-50. Die Fabrik Nr. 174 stellte einige Prototypen her, die Ende 1940 getestet wurden. Der T-50 besaß eine 37 mm dicke Panzerung und war mit einer 4,5-cm-M 1938-Kanone sowie einem 7,62-mm-Degtjarjow-Koaxial-Maschinengewehr bewaffnet, die im Turm installiert waren.

Die Rote Armee bestellte eine große Menge dieses Panzers, aber seine technische Komplexität, die hohen Herstellungskosten und die Probleme mit seinem Motor sorgten für eine gehörige Voreingenommenheit im sowjetischen Oberkommando. Deshalb wurde die Produktion auf etwa 70 Fahrzeuge beschränkt und einer Panzerbrigade zugeteilt, die im Sommer 1941 an den Militäroperationen auf der karelischen Landenge gegen Finnland teilnahm. Einer dieser Panzer wurde von der finnischen Armee erbeutet und auf Seiten der Finnen wieder eingesetzt. Heute ist genau dieses Fahrzeug im Panzermuseum in Parola (Finnland) ausgestellt.

Hersteller	Fabrik Nr. 174
Ursprungsbez.	T-50
Besatzung	4
Gefechtsgewicht	14.000 kg
Länge	5200 mm
Breite	2470 mm
Höhe	2160 mm
Bodenfreiheit	-
Motor	6-Zylinder-Dieselmotor W-4
Hubraum	-
Leistung kW/PS	220/300
Leistungsgewicht	21,9 PS/t
Höchstgeschwindigkeit	60 km/h (Straße)
Kraftstoffvorrat	350 Liter
Fahrbereich	220 km
Bewaffnung	1 × 4,5-cm-Kanone Modell 1932/38 (150 Schuss), 1 × 7,62-mm-MG Degtjarjow
Schwenkbereich/Elevation	-
Panzerung	20–37 mm

Die finnische Armee erbeutete im Sommer 1941 den sowjetischen leichten Panzer T-50. (SA-Kuva Fotoarchiv, Bildnummer 145398)

T-60

Entwicklung und Herstellung

Im Jahr 1938 musste die Sowjetunion eine Reihe leichter Panzer ersetzen und beauftragte das Werk Nr. 37 in Moskau, neue Modelle von besser geschützten leichten Panzern zu entwickeln. Das dortige Konstruktionsteam unter der Leitung von Astrovs Zadov baute zunächst Prototypen namens T-30 A und B. Aus ihnen entstand das leichte Amphibienfahrzeug T-40. Das Team erhielt dann die Aufgabe, einen leichten Wagen für Aufklärung und für Infanterieunterstützung zu entwickeln, der schnell in großen Stückzahlen hergestellt werden konnte. Die Konstrukteure verwendeten zum Bau des neuen leichten Panzers namens T-60 Chassis, Motor und Aufhängung des T-40.

Bewaffnet wurde der T-60 mit einer 2-cm-SchWAK-Flugzeugkanone und einem 7,62-mm-DT-Maschinengewehr, die im Drehturm installiert waren. Sein Sechszylinder-Motor GAS 202 verlieh dem T-60 eine Straßengeschwindigkeit von 44 km/h und eine Reichweite von über 430 km. Die Panzerung am Turm betrug 15 mm, während sie an der Wanne 20 mm betrug. Die Ergebnisse der Prototypen-Erprobungen waren positiv, sodass die Serienproduktion 1941 beginnen konnte. Aufgrund der drohenden deutschen Besetzung Moskaus wurde die Produktion des Fahrzeugs in die Werkstatt Nr. 38 in Kirow und Gaz in Gorki verlegt. Insgesamt wurden bis 1943 etwa 6000 T-60 produziert.

Seit seiner Einführung auf den Schlachtfeldern wies dieser leichte sowjetische Panzer zahlreiche Mängel auf, wie z. B. eine unzureichende Bewaffnung und Panzerung gegenüber den mit Panzern III und IV ausgestatteten deutschen Panzerdivisionen.

Im Laufe des Krieges wurde eine unbekannte Menge von T-60-Panzern von deutschen Einheiten erbeutet und teilweise für sekundäre Aufgaben wiederverwendet. Rumänien hatte 34 Stück dieses sowjetischen Panzertyps im Einsatz.

Hersteller	Werk Nr. 37 in Moskau
Ursprungsbez.	T-60
Besatzung	2
Gefechtsgewicht	5070 kg
Länge	4290 mm
Breite	2460 mm
Höhe	1890 mm
Bodenfreiheit	-
Motor	6-Zylinder-Ottomotor GAS-202
Hubraum	-
Leistung kW/PS	51/70
Leistungsgewicht	12 Ps/t
Höchstgeschwindigkeit	45 km/h (Straße), 22 km/h (Gelände)
Kraftstoffvorrat	-
Fahrbereich	Mehr als 400 km
Bewaffnung	1 x 2-cm-MK TNSch (SchWAK-T) L/82, 1 x 7,62 mm-MG-DT
Schwenkbereich/Elevation	-
Panzerung	max. 20 mm

Leichter Panzer T-60 im Panzermuseum Kubinka.

LT-40

Seit den 1930er Jahren konnten tschechoslowakische Firmen wie Skoda und CKD wichtige Verträge über den Export von gepanzerten Fahrzeugen ins Ausland abschließen, darunter mit der Schweiz (LTH-Version) und mit Schweden (TNH-Sv und Stvr m/41). Am Vorabend des Zweiten Weltkriegs bestellte Litauen bei CKD 21 Panzer der LTT-Version für seine Armee. Die Lieferung sollte 1940 erfolgen, aber die Sowjetunion besetzte zuvor das Land und so wurde der Kauf annulliert.

Bald fand CKD einen neuen Kunden, die Slowakei, der an diesem Fahrzeug interessiert war, weil er dem Panzer Lt vz 38 sehr ähnelte. Die Ergebnisse fielen durchweg positiv aus. Daraufhin kaufte die Slowakei 21 LLTs, die unter dem Namen LT-40 in Dienst gestellt wurden. Die Bewaffnung dieses Panzers bestand aus einer 3,7-cm-Skoda-A-7 Kanone (66 Schuss) und zwei MG ZB vz 37 Maschinengewehre (3000 Schuss). Für eine Leistung von 126 PS sorgte der wassergekühlte Praga TNHPS-Sechszylinder-Motor. Die Panzerung betrug 25 mm. Das Fahrzeug blieb im Dienst bis zum Ende des Zweiten Weltkriegs.

Hersteller	CKD
Ursprungsbez.	LLT
Besatzung	3
Gefechtsgewicht	7.500 kg
Länge	4200 mm
Breite	2150 mm
Höhe	2160 mm
Bodenfreiheit	-
Motor	6-Zylinder-Dieselmotor Praga TNHPS
Hubraum	7750 cm^3
Leistung kW/PS	93.1/126
Leistungsgewicht	-
Höchstgeschwindigkeit	47 km/h (Straße)
Kraftstoffvorrat	-
Fahrbereich	200 km
Bewaffnung	1 x 3,7-cm-Kanone Skoda A-7 (66 Schuss), 2 x MG ZB vz. 37
Schwenkber./Elevation	-
Panzerung	8-25 mm
Kletterfähigkeit	0,8 m
Überschreitfähigkeit	1,9 m
Watfähigkeit	0,9 m
Steigfähigkeit	-

Der leichte Panzerkampfwagen LT-40.

Panzerkampfwagen Modell 1936 (carro cannone per fanteria)

Entwicklung

Die italienische Armee und die Industrie arbeiteten bei der Entwicklung dieses Prototyps zusammen. Der Panzerkampfwagen Modell 1936 war besser bewaffnet als der L 3, um in der Lage zu sein, die leichten Panzerkampfwagen auf dem Schlachtfeld zu unterstützen. Er verfügte über ein modifiziertes Chassis vom L 3 mit neuer Aufhängung. Auch behielt er den selben Motor wie der L 3, der eine Leistung von 43 PS bereitstellte. Ein erster Prototyp stellte die italienische Armee aufgrund des hohen Schwerpunkts des Turms, der seine Geländegängigkeit stark einschränkte, nicht zufrieden. Daher wurde eine neue Version entwickelt. Die 3,7-cm-Kanone wurde vorne am Panzer und das 8-mm-Zwillings-MG in einem Drehturm montiert. Im Jahr 1936 wurde der erste Prototyp dieses Modells getestet. Während dieses Tests wurde festgestellt, dass der Kampfwagen nicht gleichzeitig mit allen Waffen schießen konnte, denn es gab nur begrenzten Platz in Inneren des Fahrzeugs. Der Prototyp hatte noch weitere erhebliche Mängel. Er war wegen des Turms zu hoch und konnte nur wenig Munition für beide Waffen mit sich führen. Der Turm wurde nach den ersten Erfahrungen demontiert. Letztlich wurde dieses Projekt aufgegeben und der Prototyp in den folgenden Jahren im Testzentrum C.S.E.M. in Rom verwendet.

Hersteller	Ansaldo
Ursprungsbez.	Carro cannone modello 1936 – Carro Cannone per fanteria
Besatzung	2
Gefechtsgewicht	4900 kg
Länge	3500 mm
Breite	1660 mm
Höhe	1980 mm (m. Turm), 1505 mm (o. Turm)
Bodenfreiheit	-
Motor	Fiat C.V. 3, 4-Zyl.-Benzin
Hubraum	2740 cm³
Leistung kW/PS	31,5/43
Leistungsgewicht	8,77 PS/t
Höchstgeschwindigkeit	42 km/h (Straße), 10–12 km/h (Gelände)
Kraftstoffvorrat	115 Liter
Fahrbereich	265 km (2,3 km/l)
Bewaffnung	1 x 3,7-cm-Kanone L/40, 1 x 6,5-mm-Zwillings-MG Scotti 1938
Schwenkber./Elevation	Kanone: -10° +10° / -9,25° +24,8° MG: 360° / -15° +15°
Panzerung	6–13,5 mm
Watfähigkeit	max. 1,0 m
Überschreitfähigkeit	max. 1,6 m

Panzerkampfwagen Modell 1936. (Sammlung CETEM)

L 6/40

Entwicklung und Herstellung

Fiat und Ansaldo entwickelten diesen leichten Panzerkampfwagen, der eine verstärkte Version der Serie L 3 war, für den Export. Im Jahr 1936 stellten sie den ersten Prototypen fertig (bezeichnet als Panzerkampfwagen Typ 1936). Er war an seiner Vorderseite mit einer 3,7-cm-Kanone und am Ein-Mann-Drehturm mit einem 6,5-cm-Zwillings-Maschinengewehr bestückt. Das Fahrzeug war zu hoch, deshalb hat man den Turm wieder abmontiert.

Beide Firmen bauten in den folgenden Jahren drei weitere Prototypen. Die Bewaffnung des ersten Exemplars bestand aus einem 8-mm-Zwillings-MG Fiat 35, aber die anderen beiden waren besser bewaffnet. Der drehbare Turm des zweiten Prototyps hatte eine 3,7-cm-Kanone und ein koaxiales 8-mm-MG. Die Bewaffnung des letzten Exemplars bestand aus einer 2-cm-Kanone Breda Modell 35 und einem koaxialen 8-mm-MG.

Die Kanone hatte eine so große Feuerkraft, dass sie leichte Kampffahrzeuge zerstören konnte. Im Jahre 1940 genehmigte das Kriegsministerium die Version mit der 2-cm-Kanone und erteilte Fiat einen Auftrag für die Herstellung von 583 Exemplaren. Während des Kriegs bestellte das Ministerium weitere 400 Panzer, einschließlich ihrer abgeleiteten Versionen. Die Produktion dieser Panzer dauerte wegen der Lieferverzögerung der 2-cm-Kanone recht lange. Im Jahre 1941 wurden die ersten Aufklärungs- und Kavallerie-Einheiten mit ihnen ausgerüstet.

Hersteller	Fiat Ansaldo
Ursprungsbez.	Carro leggero L 6/40
Besatzung	2
Gefechtsgewicht	6840 kg
Länge	3820 mm
Breite	1860 mm
Höhe	2175 mm
Bodenfreiheit	400 mm
Motor	SPA 18 VT, 4-Zyl.-Ottom.
Hubraum	4053 cm^3
Leistung kW/PS	51/70
Leistungsgewicht	10,23 PS/t
Höchstgeschwindigkeit	42 km/h (Straße), 20 km/h (Gelände)
Kraftstoffvorrat	165 Liter
Fahrbereich	200 km (1,2 km/l)
Bewaffnung	1 x 2-cm-Kanone Mod. 1935 (256 Schuss), 1 x 8-mm-koaxial-MG Breda Mod. 1938 (1560 Schuss/MG)
Schwenkber./Elevation	360° / -12° +20°
Panzerung	6–40 mm
Kletterfähigkeit	max. 0,7 m
Überschreitfähigkeit	max. 1,7 m
Watfähigkeit	max. 0,8–1 m
Steigfähigkeit	max. 70%

Technische Beschreibung

Der Panzer hatte seine Bewaffnung und das Zielfernrohr im Drehturm. Das Heben und Senken der 2-cm-Kanone erfolgte mit Hilfe von Handgetrieben. Die Munition wurde im Kampfraum gelagert. Der Panzer bestand aus Stahlblech und war zwischen 6 und 40 mm dick. Im hinteren Teil des Panzerwagens wurde der 4-Zylinder-Benzin-Motor SPA 18 V.T. mit einer Leistung von 70 PS platziert. Das Fahrzeug besaß eine Höchstgeschwindigkeit von 42 km/h auf der Straße und erreichte bis zu 25 km/h im Gelände. Der durchschnittliche Fahrbereich mit zwei vollen Tanks lag bei etwa 200 km (Straße).

Prototyp des leichten Panzers L6/40. (Sammlung Ansaldo)

Taktischer Einsatz

Die L6/40-Panzer operierten an allen militärischen Fronten, wo italienische Truppen im Einsatz waren. Zu den verschiedenen Varianten gehörten ein Flammpanzer, ein Befehlspanzer für die Selbstfahrlafette, ein Munitionstransporter (ohne Turm) für die Selbstfahrlafette 90/53, ein Kampffahrzeug ohne Turm (eine Tankette) und Funkausrüstung. Die folgenden zwei Kapitel beschreiben die letzten beiden Varianten.

Nach dem italienischen Waffenstillstand wurden mindestens 100 Exemplare dieses Panzerkampfwagens erbeutet. Abteilungen der Italienischen Sozialrepublik und der Wehrmacht setzten diese ein. Nach dem Krieg blieben einige Exemplare bei den gepanzerten Einheiten der italienischen Landespolizei im Dienst.

L 6/40 während eines Manövers 1941. Im Hintergrund ein T 34-Panzer.

Ein frisch erbeuteter L 6 mit hastig aufgemalten Balkenkreuzen, Jugoslawien 1943. (Zeichnung: Martin Spumy)

L 6/40 Flammpanzer

Entwicklung und Herstellung

Im Herbst 1941 wurde ein Prototyp des Flammpanzers entwickelt, der das Chassis des L 6/40 verwendete. Die bisherige Bewaffnung des L 6/40 ersetzten ein Flammenwerfer und ein koaxiales 8-mm-Maschinengewehr. Das Flammöl war in einem Tank untergebracht, der sich im Inneren des Wagens befand. Im Jahr 1942 wurde der Prototyp in einem Testzentrum in Rom auf seine Eignung untersucht. Die Reichweite des Flammenwerfers betrug 45 Meter. Eine begrenzte Anzahl dieser Kampffahrzeuge wurde zwischen Ende 1942 und Anfang 1943 produziert und anschließend an eine Reihe von Kompanien ausgeliefert, die in Jugoslawien disloziert waren. Dort nahmen sie an mehreren Operationen gegen Partisanen teil.

Hersteller	Fiat Ansaldo
Ursprungsbez.	Carro armato L 6/40 L. F. (Lancia Fiamme)
Besatzung	2
Gefechtsgewicht	7000 kg
Länge	3820 mm
Breite	1860 mm
Höhe	2175 mm
Bodenfreiheit	400 mm
Motor	SPA 18 VT, 4-Zyl.-Ottom.
Hubraum	4053 cm^3
Leistung kW/PS	51/70
Leistungsgewicht	10 PS/t
Höchstgeschwindigkeit	42 km/h (Straße), 20 km/h (Gelände)
Kraftstoffvorrat	165 Liter
Fahrbereich	200 km (1,2 km/l), 10 Stunden (Gelände)
Bewaffnung	1 x Flammenwerfer m. 200 Liter entzündl. Flüssigk., 1 x 8-mm-koaxial-MG Breda Mod. 1938 (1560 Schuss/MG).
Schwenkber./Elevation	360° / -
Panzerung	6–40 mm
Kletterfähigkeit	max. 0,7 m
Überschreitfähigkeit	max. 1,7 m
Watfähigkeit	max. 0,8–1 m
Steigfähigkeit	70%

Flammpanzer L 6/40. (Sammlung A. de Marchi)

L 6/40 Munitionstransporter

Herstellung

Diese Version des L 6/40-Panzers wurde in 30 Exemplaren (eine für jede Selbstfahrlafette mit 90/53) hergestellt. Basis dafür war ein normaler L/40, aber ohne Drehturm und ohne Funkausrüstung RF 1 CA. Der L6/40 Munitionstransporter führte bis zu 26 Schuss für die 9-cm-Kanone L/53 mit sich. An das Fahrzeug konnte ein Anhänger mit zwei Rädern angehängt werden, der die Munition für weitere 40 Schuss transportierte. An Bewaffnung besaß dieser L 6/40 ein 8-mm-Flak-Maschinengewehr Breda Modell 1938 mit 1224 Schuss.

Hersteller	Fiat-Ansaldo
Ursprungsbez.	Carro L 6/40 trasporto munizioni
Besatzung	2
Gefechtsgewicht	6950 kg
Länge	3820 mm
Breite	1800 mm
Höhe	1565 mm
Bodenfreiheit	400 mm
Motor	SPA 18 VT, 4-Zyl.-Otto
Hubraum	4053 cm³
Leistung kW/PS	51/70
Leistungsgewicht	10,1 PS/t
Höchstgeschwindigkeit	42 km/h (Straße), 20 km/h (Gelände)
Kraftstoffvorrat	180 Liter
Fahrbereich	200 km (1,2 km/l), 10 Stunden (Gelände)
Bewaffnung	1 x 8-mm-Breda Modell 1938 (1224 Schuss)
Munitionstransport	24 Schuss für 9-cm-Kanone L/53
Schwenkber./Elevation	k.A.
Panzerung	6–30 mm
Kletterfähigkeit	max. 0,7 m
Überschreitfähigkeit	max. 1,7 m
Watfähigkeit	max. 0,7 m
Steigfähigkeit	max. 35%

Munitionstransporter L 6/40.

Leichter Panzerkampfwagen V-3 und V-4

Entwicklung

Nach Hitlers Machtergreifung beauftragte das ungarische Verteidigungsministerium einen der größten ungarischen Metallarbeiter, Weiss Manfréd Acél-és Fémmuvek, mit dem Bau eines leichten Panzerkampfwagen-Prototyps. Bei der Entwicklung dieses Fahrzeugs arbeitete der Ingenieur Straussler mit dem Ungarischen Militärtechnischen Büro H. T. I. zusammen. Der Prototyp, umbenannt in V 3, wurde nach seiner Fertigstellung im Sommer 1935 einer Reihe von Tests unterzogen, bei denen verschiedene Schwächen festgestellt wurden, die zur Entwicklung des verbesserten Modells V-4 führten. 1937 ordnete das ungarische Verteidigungsministerium die Produktion von 10 Einheiten an, mit der Absicht, zur Serienproduktion von weiteren 110 Panzerkampfwagen überzugehen. Nur vier Prototypen wurden hergestellt, bevor der Auftrag von den ungarischen Behörden storniert wurde, da sich die Anforderungen an die leichten Panzerkampfwagen geändert hatten. Mávág konnte die Produktion der 4-cm-Kanone vom Typ 37M L/45 und der 8-mm-34/37 M-Maschinengewehre, mit denen die Toldi bewaffnet wurden, fortsetzen. Einer der Prototypen wurde zahlreichen Tests unterzogen, darunter die im Mai 1938 durchgeführten, um die Leistung des V 4 mit der des schwedischen Tanks L-60 zu vergleichen.

Hersteller	Manfréd Weisz
Ursprungsbez.	V 4
Besatzung	4
Gefechtsgewicht	11.000 kg
Länge	5000 mm
Breite	2700 mm
Höhe	2700 mm
Bodenfreiheit	-
Motor	Manfréd Weisz V 8-Benzinmotor 160 PS
Hubraum	k. A.
Leistung kW/PS	k. A.
Leistungsgewicht	k. A.
Höchstgeschwindigkeit	52 km/h (Straße), 32 km/h (Gelände)
Kraftstoffvorrat	k. A.
Fahrbereich	k. A.
Bewaffnung	1 4-cm-37M K/45, 2 8-mm-MG 34/37M
Schwenkbereich/Elevation	k. A.
Panzerung	10–40 mm

Technische Beschreibung

Der leichte Panzerkampfwagen wog 11 t. Er war 5 m lang, 2,7 m breit und 2,7 m hoch. Die Panzerung aus geschweißten Platten war zwischen 10 bis 40 mm dick. Das Fahrzeug verfügte über einen Manfréd Weisz V 8-Benzinmotor, der eine Höchstgeschwindigkeit von 52 km/ h leistete. In den Turm wurden die 4-cm-Kanone Typ 37M L/45 und ein 8-mm-34/37 M-Maschinengewehr installiert; ein weiteres Maschinengewehr des gleichen Typs wurde vor der Wanne platziert. Die Besatzung bestand aus vier Mann.

Der Prototyp V 4, der von Italien gekauft wurde.

Ein ungarischer leichter Panzer 38M Toldi 2. (Fortepan, PD)

Im Jahr 1942 nahm die 1. Gepanzerte Division an der Schlacht bei Stalingrad teil. Dieses Bataillon verfügte über 19 Toldi II-Panzer, von denen aber im März 1943 nur drei Fahrzeuge in die Heimat zurückkehrten. Der verbleibende Toldi I wurde mit Trainingsaufgaben für die 1943 und 1944 gegründeten Sturmgeschütz-Bataillone betraut.
Im April 1944 nahm die 2. Gepanzerte Division an den Operationen in Ostgalizien teil, wo sie schwere Verluste erlitt und deshalb im August nach Hause zurückkehrte, während die Kavallerieabteilung ab Juni 1944 in Polen im Einsatz war, wo wahrscheinlich alle Toldis verloren gingen.

Laut einer deutschen Quelle besaß die ungarische Armee in der ersten Junihälfte insgesamt 129 Toldi (66 mit 20-mm- und 63 mit 40-mm-Kanonen). Im September wurden die überlebenden Abteilungen der drei Divisionen zur Verteidigung des ungarischen Staatsgebiets herangezogen, aber es gibt keine Informationen über die Verwendung der verschiedenen Toldi-Versionen. Bekannt ist jedoch, dass der Panzer bis zum Kriegsende 1945 im Dienst blieb.

Mittlere Panzerkampfwagen

Schneider CA 1 (M 16)

Entwicklung und Produktion

Der Char d'Assault Schneider CA 1 (oder M 16) war der erste Panzerkampfwagen aus französischer Herstellung. Entwickelt wurde er vom Ingenieur Eugène Brille, der die Ideen von Oberst Estienne aufgriff. Die Konstruktion des CA 1 basierte auf der US-amerikanischen Zugmaschine Holt. Die französische Regierung ordnete die Produktion von 400 CA 1 an.

Beschreibung

Sein 4-Zylinder-Schneider-Motor leistete 60 PS und ermöglichte eine Höchstgeschwindigkeit von 8,1 km/h. Eine Panzerung mit einer maximalen Dicke von 17 mm schützte die Besatzung. Der Wagen besaß eine Eingangstür, Schießscharten und eine Dachluke, die verwendet wurde, um Rauch abzulassen. Dieser Panzerkampfwagen hatte keinen Turm, seine Bewaffnung bestand aus zwei 8-mm-Hotchkiss-MG und einer kurzen 7,5-cm-Schneider-Kanone, die vorne rechts am Chassis montiert waren. Diese Waffe verfügte über eine Reichweite von nur 600 Metern, weil die Anfangsgeschwindigkeit des Geschosses sehr gering war, um den Rückstoß zu reduzieren.

Taktischer Einsatz

Im Jahr 1917 gab Frankreich einen Panzer CA 1 an die italienische Armee weiter, mit dem viele Tests auf dem Karstgebiet durchgeführt wurden. Die Ergebnisse fielen trotz der baulichen Mängel des Kampffahrzeugs sehr positiv aus. So kam es, dass der CA 1 bis 1924 in Betrieb blieb.

Hersteller	Schneider
Ursprungsbez.	Schneider M 16
Besatzung	6
Gefechtsgew.	13.500 kg
Länge	6000 mm
Breite	2000 mm
Höhe	2400 mm
Bodenfreiheit	-
Motor	Schneider, 4-Zyl.-Benzin
Hubraum	k. A.
Leistung kW/PS	43,9/60
Leistungsgew.	4,45 PS/t
Höchstgeschw.	6 km/h (Straße)
Kraftstoffvorrat	200 Liter
Fahrbereich	80 km (0,4 km/l)
Bewaffnung	1 x 7,5-cm-Kanone (96 Schuss), 2 x 7,5-mm-MG (4000 Schuss)
Schwenkber. / Elevation	k. A.
Panzerung	5,5–24 mm
Watfähigkeit	max. 0,8 m
Überschreitfähigkeit	max. 1,8 m

Schneider M 16 neben weiteren Kampffahrzeugen.

T-28

Entwicklung und Herstellung

Der mittlere Panzer T-28 wurde in den Werkstätten von Bol'ševik Zavod (später Fabrik von K. E. Woroschilow Nr. 174) in Leningrad gebaut. Seine Entwicklung begann Anfang der 1930er Jahre. Er war die erste wirkliche Panzerentwicklung der Sowjets, obwohl die sowjetischen Konstrukteure sich vom britischen AE1-Panzer inspirieren ließen, zum Beispiel bei der Anordnung der drei Türme. 1931 wurde der Prototyp fertiggestellt, dessen Hauptbewaffnung aus einer 47-mm-Kanone im Hauptturm bestand. Diese befand sich in einem um 360° schwenkbaren Turm, gemeinsam mit einem 7,62-mm-DT-Maschinengewehr Modell 1927. Die beiden anderen Türme besaßen ebenfalls jeweils ein 7,62 mm DT-Maschinengewehr.

Nach weiteren Modifikationen begann 1933 die Serienproduktion in den Werkstätten von Krasnij Putilovets Zavod (umbenannt im Jahr 1934 in Kivov-Fabrik Nummer 100) in Leningrad, da Bol'ševik Zavod mit der Produktion anderer leichter Panzer T-26 beschäftigt war. Die Fahrzeuge der ersten Serie, bezeichnet als T-28 Modell 1934 (oder T-28A), waren mit der 76,2-mm-Kanone KT-28 Modell 1927/32 K./16 ausgerüstet.

Der Befehlspanzer T-28 V war mit einer kreisförmigen Funkantenne ausgestattet. Seine Produktion wurde bis 1938 fortgesetzt. Das T-28 Modell 1938 (oder T-28B) war mit der leistungsstärksten 7,62-cm-Kanone KT-28 L-10 (K./26) und einem stärkeren Motor ausgestattet. Die Herstellung wurde bis 1941 mit den Versionen T-28E, mit verbesserter Panzerung (Einbau von Metallplatten), und T-28 Modell 1940 fort-

Hersteller	Krasnij Putilovets Zavod
Ursprungsbez.	T-28
Besatzung	5 (später 6)
Gefechtsgewicht	28.000 kg (32.000 kg T-28 Modell 1940)
Länge	7350 mm
Breite	2770 mm
Höhe	2780 mm
Bodenfreiheit	-
Motor	12-Zylinder-Mikulin M-17T-Ottomotor, 367,7 kW (500 PS)
Hubraum	-
Leistung kW/PS	-
Leistungsgewicht	18 PS/t
Höchstgeschwindigkeit	40 km/h (Straße), 25 km/h (Gelände)
Kraftstoffvorrat	400 Liter
Fahrbereich	220 km
Bewaffnung	1 x 7,62-cm-Haubitze Modell 1927/32 in Drehturm (70 Schuss), 1 x 7,62-mm-koaxial-MG DT Mod. 1927, 2 x 7,62-mm-MG DT Mod. 1927 (8200 Schuss).
Schwenkbereich/Elevation	-
Panzerung	20–30 mm

T-28-Panzer der finnischen Armee. (SA-Kuva Fotoarchiv, Fotonummern 7842 und 24411)

Die finnische Armee besaß sieben Panzer vom Typ T-28. (SA-Kuva FotoArchiv, Fotonummer 7917)

gesetzt. Die letzte Version hatte neue konische Panzertürme ähnlich denen des schweren Panzers T-35. Von 1933 bis 1941 wurden nach Angaben einiger Forscher insgesamt etwa 500 T-28 hergestellt.

Taktischer Einsatz

Diese T-28-Panzer nahmen an den militärischen Operationen zur Besetzung Ostpolens im September 1939 und Finnlands teil, wo ihre Unzulänglichkeiten (unzureichende Mobilität, Triebwerksprobleme und schlechter Schutz) offensichtlich wurden. Zwischen 1939 und 1941 erbeutete die finnische Armee sieben T-28 und setzte sie bis zum Kriegsende in Panzerabteilungen ein.

Die Rote Armee versuchte mit diesem Panzer dem deutschen Vormarsch im Sommer 1941 entgegenzuwirken, aber sie erwiesen sich den modernen deutschen Panzern als unterlegen und wurden deshalb von der Frontlinie abgezogen. Im Laufe des Jahres 1941 erbeuteten die ungarische und die rumänische Armee einige T-28 und nahmen sie in Dienst.

M 11/39 (später M 39)

Im Jahr 1932 begann die Planung dieses 8-Tonnen-Panzerwagens, 1937 entstand dann mit dem M 11/39 der erste Prototyp. Die Bezeichnung M 11/39 hatte die folgende Bedeutung: M stand für medio (im Deutschen: mittel), 11 bezeichnete das Gewicht des Fahrzeugs und 39 das Jahr der Einführung.

Der M 11/39 verwendete das Fahrgestell und die Aufhängungen des leichten Panzers L 3/33, die aber größer waren. Die Firma Ansaldo entwickelte 1938 einen zweiten Prototyp mit neuen Aufhängungen, die auch von anderen Panzerwagen der Serie M verwendet wurden, aber leicht modifiziert waren. Das italienische Heer bestellte 100 Exemplare, die im Frühling 1940 hergestellt wurden.

Hersteller	Fiat-Ansaldo
Ursprungsbez.	Carro armato M 11/39 (1940 M 39)
Besatzung	3
Gefechtsgew.	11.000 kg
Länge	4850 mm
Breite	2180 mm
Höhe	2250 mm
Bodenfreiheit	360 mm
Motor	SPA 8 T, V8-Zyl.-Diesel
Hubraum	11.140 cm^3
Leistung	77–80 / 105–110
Leistungsgew.	9,54 PS/t; 0,7 kg/cm^3
Höchstgeschw.	32–34 km/h (Straße), 15 km/h (Gelände)
Kraftstoffvorrat	180 Liter
Fahrbereich	200 km (1,1 km/l), 10 Stunden (Gelände)
Bewaffnung	1 x 3,7-cm-Kanone L 40 (84 Schuss), 2 x 8-mm-MG (2808 Schuss/MG)
Schwenkber. / Elevation	li. u. re. 15° / -8° +12°
Panzerung	6–30 mm
Watfähigkeit	max. 0,8 m
Überschreitfähigkeit	max. 2 m
Watfähigkeit	max. 1 m
Steigfähigkeit	-

Technische Beschreibung

Der Panzerkampfwagen hatte einen konventionellen Aufbau (Führungs- und Kampfraum in der Mitte und der Motor im Heck des Fahrzeugs). Die Bewaffnung bestand aus einer 3,7-cm-Panzerabwehrkanone L/40 (mit 84 Schuss) vorne rechts in der Kasematte und zwei 8-mm-Maschinengewehren Breda 38 in dem kleinen Drehturm, der eine polygonale Form mit zwei seitlichen Sichtluken besaß. Das Versäumnis, die Kanone nicht am Drehturm befestigt zu haben, führte dazu, dass das Fahrzeug zum Ziel ausgerichtet werden musste, bevor es schießen konnte. Die Waffen waren mit einem Zielfernrohr ausgestattet.

Die Besatzung konnte über drei Türen in das Fahrzeug gelangen. Dem Panzerkommandanten stand ein Periskop und dem Fahrer ein Hyposkop zur Verfügung.

Taktischer Einsatz

Das 32. Panzerinfanterie-Regiment der Division »Ariete«, bestehend aus zwei Bataillonen, war die erste Einheit mit diesen Kampfpanzern und kam ab Juli 1940 in Nordafrika zum Einsatz. Im September nahmen sie an der italienischen Offensive auf Sidi el Barrani teil. Beide Bataillone wurden im November 1940 der Spezial-Panzerbrigade (Brigata Corazzata Speciale) unterstellt. Während der britischen Offensive im Dezember 1940 bis Januar 1941 wurden sie aber vollständig vernichtet.

Fünf Fahrzeuge fielen australischen Truppen in die Hände, die sie zukünftig verwendeten. Die Australier kennzeichneten ihre Beutefahrzeuge mit einem großen weißen Känguru, um nicht mit den italienischen Fahrzeugen verwechselt zu werden. In Ostafrika war die spezielle M-Panzerkompanie (*Compagnia Speciale Carri M*) mit 24 M 39-Fahrzeugen im Einsatz und nahm dort mit diesen zwischen 1940 und 1941 an zahlreichen Militäroperationen teil.

Erster Prototyp des Panzers M 11/39 bei der Fahrt über unwegsames Gelände.

Mittlerer Panzerkampfwagen M 11/39. (Sammlung CETEM)

M 11/39. (Sammlung Ansaldo)

M 13/40

Entwicklung und Herstellung

Der Prototyp des Panzers M 13/40 wurde im Sommer 1939 beim Studienzentrum Motorfahrzeuge in Rom präsentiert. Er stellte eine erhebliche Verbesserung gegenüber dem M 11/39 dar. Entwickelt wurde er, um an den Landesgrenzen in den Alpen verwendet werden zu können, wo der Boden oft uneben ist. Das Heer setzte am 15. Februar 1940 den neuen Panzer auf Drängen des Generals Caracciolo ein, welcher dem Aufsichtsamt der Fachdienste (Ispettorato Superiore dei Servizi Tecnici) vorstand. Dieser Panzerkampfwagen war noch vom britischen Vickers-6-ton beeinflusst, so wie viele andere Kampffahrzeuge der 1930er Jahre (T 26, M 11/39, 7TP, usw.). Ansaldo Fossati in Genua übernahm die Herstellung des Chassis und der Hauptwaffe und war auch für die Endmontage verantwortlich. Die mechanischen Teile produzierte die SPA (FIAT) in Turin. Die ersten 15 Exemplare der Baureihe wurden Mitte Juli 1940 getestet.

Der M 13/40 (wie immer steht »M« für Medio – mittel, »13« für die Tonnage und »40« für das Jahr der offiziellen Einführung) war zu langsam und nicht sehr wendig aufgrund seiner unzureichenden Entwicklung. Im Juli 1941 wurde eine neue Version, M 14/41, mit einem stärkeren Motor und einigen Luftfiltern entwickelt, die die Performance des Kampffahrzeugs erhöhte. Die italienischen Firmen stellten für das Heer 710 M 13/40 und 695 M 14/41 her, vor Eintritt des Waffenstillstands.

Technische Beschreibung

Der Panzer war dreigegliedert: Im hinteren Teil befand sich der V8-Zylinder-Dieselmotor mit einer Leistung von 125 PS, in der Mitte war der Kampfraum und vorne das Übertragungssystem. Der Fahrer betrat das Fahrzeug durch eine Tür an der linken Seite des Chassis, der Rest der Besatzung stieg durch die Luke im Turm ein.

Hersteller	Fiat-Ansaldo
Ursprungsbez.	Carro armato M 13/40 (poi M 40)
Besatzung	4
Gefechtsgew.	14.000 kg
Länge	4915 mm
Breite	2280 mm
Höhe	2370 mm
Bodenfreiheit	380 mm
Motor	SPA 8TM40, V8-Zyl.-Diesel
Hubraum	11.140 cm^3
Leistung kW/PS	91/125
Leistungsgew.	8,92 PS/t, 0,930 kg/cm^3
Höchstgeschw.	24–30 km/h (Straße), 15 km/h (Gelände)
Kraftstoffvorrat	180 Liter
Fahrbereich	200 km (1,1 km/l), 10 Stunden (Gelände)
Bewaffnung	1 x 4,7-cm-Kanone L 32 (87 Schuss), 3–4 x 8-mm-MG Breda (2592 Schuss)
Schwenkber. / Elevation	Turm: 360° / -10° +12° Kasematte: 30° / -10° +20°
Panzerung	6–42 mm
Kletterfähigkeit	max. 0,8 m
Überschreitfähigkeit	max. 2 m
Watfähigkeit	max. 1 m
Steigfähigkeit	45%

Semovente M 13/40 mit 75/18 der italienischen Panzerdivision »Ariete«, Cyrenaika, Libyen, Anfang 1942. (Zeichnung: Vincent Bourguignon)

Ein Panzer M 13/40 beim Werk Ansaldo. (Sammlung Ansaldo)

Prototyp des Panzers M 13/40, ausgestattet mit Funkgeräten. (Sammlung Ansaldo)

Panzer M 13/40. (Sammlung Ansaldo)

Ein M 13/40 der italienischen Armee, wie er der Wehrmacht 1944 in die Hände fiel. (Zeichnung: Vincent Bourguignon)

Im Drehturm war eine 4,7-cm-Kanone L/32 mit einem koaxialen 8-mm-Breda-Maschinengewehr installiert. Die Kanone konnte eine 50-mm-Stahlplatte in einem Abstand von 400 bis 1000 m durchdringen. An der Vorderseite des Chassis waren zwei 8-mm-Maschinengewehre eingebaut. Ein Flugabwehr-Maschinengewehr befand sich auf dem Dach des Turms. Ab 1941 wurden alle Exemplare dieses Panzers mit einem Funksender RF 1 CA ausgestattet. Die Stahlplatten, die eine maximale Dicke von 30 mm aufwiesen, garantierten keinen guten Schutz gegen 47-mm-Projektile.

Taktischer Einsatz

Die Panzerkampfwagen der Serie M wurden von allen Panzereinheiten der italienischen Divisionen verwendet, die in Nordafrika bis Mai 1943 kämpften. Am 9. Dezember 1940 nahmen die ersten Wagen M 13/40 an der Schlacht bei Sollum/Halfaya in Nordafrika teil. Im Februar 1941 erbeutete die britische Armee insgesamt 112 Wagen vom Typ M 13/40, die vom 6. Royal Tank Regiment der zweiten Panzerdivision und einem australischen Geschwader eingesetzt wurden. Im September 1943 erbeutete die Wehrmacht 21 M 13/40- und einen M 14/41-Panzer.

T-34

Entwicklung und Herstellung

Der sowjetische mittlere Kampfpanzer T-34 wurde in solch einer Menge und in so vielen Versionen hergestellt, dass zahllose Bücher bereits über ihn geschrieben worden sind. Der T-34 entstand wegen den Unzulänglichkeiten des BT-7 und seiner Vorgänger. Die ersten Aufrüstungen der BT-7-Panzer waren die Projekte A-20 und A-30, die 1938 produziert, dann aber zugunsten der T-32 vernachlässigt wurden. Im Vergleich zu ihnen hatte der T-32 eine schwerere Kanone und eine dicke Panzerung. Viele seiner Merkmale fanden sich später im T-34 wieder. Obwohl die Leistung des T 32 gut war, benötigte die russische Armee eine noch stärkere Panzerung, und so entstand der T-34, dessen Produktion 1940 in den großen Fabriken der STZ in Stalingrad und der KpPZ in Charkow begann.
Die erste in großen Stückzahlen produzierte Version war mit über 3000 Exemplaren der T-34/76 Modell 1941. Er war mit der 7,62-cm-F-34-Kanone Kaliber 42 anstelle der L-11 / Kaliber 30,5 bewaffnet. Ab 1941 entstand vom T-34 eine Vielzahl an Modellen, die sich äußerlich nur sehr gering unterschieden. Nach dem deutschen Überfall auf die UdSSR wurde die Produktion dieser Panzer in den Ural verlegt, während seine Herstellung in Stalingrad bis September 1942 weiterlief.
Das zweite Standardmodell war der T-34/76 Modell 1942 mit einem gepanzerten Stahlblechturm. Der T-34/76 Modell 1943 hatte einen verlängerten Turm mit zwei Dachluken statt einer wie beim ursprünglichen Modell. Der T-34/76 Modell 1943/1944 war mit einem sechseckigen Turm und einem größeren Schutzschild sowie mit externen Dispersionskanistern ausgestattet. Der T-34/76 E hatte eine Kuppel auf dem Turm und eine geschweißte Innenstruktur. Der T-34/76 F war identisch mit dem Vorgängermodell, jedoch mit einem Gussstahlturm anstelle des geschweißten.
In der Schlacht von Kursk setzte die Wehrmacht den Panzer V »Panther« ein, der den Russen schwere Verluste zufügte. Als Reaktion darauf wurde eine neue Version dieses Panzers, der T-34/85, entwickelt, der mit einer 8,5-cm-Kanone ausgestattet war und den Panzerturm KV-85 verwendete. Das Fahrzeug hatte eine 90-mm-Frontpanzerung, die der Besatzung eine bessere Überlebenschance gab. Die Produktion wurde 1943 wieder aufgenommen und bis 1945 fortgesetzt.

Technische Beschreibung

Der T-34 hatte ein niedriges Profil, was ihn zu einem schwer zu treffendes Ziel machte. Der T-34 besaß eine Wanne mit einer Panzerung aus geneigten Platten und einem gegossenen Turm (ebenfalls geneigt), in dem eine 7,62-cm-Kanone mit 30 Kaliberlängen installiert war. Die Sekundärbewaffnung bestand aus zwei 7,62-mm-Maschinengewehren. Seine Panzerung betrug 22 mm bis 60 mm, aber im T-37/85 war sie 90 mm dick. Die aufgewertete Christie-Federung war aus der BT-Serie übernommen worden.

Hersteller	STZ in Stalingrad und der KpPZ in Charkow und andere
Ursprungsbez.	T-34/76 M. 1941
Besatzung	4
Gefechtsgew.	26.000 kg (M. 1941)
Länge	5920 mm
Breite	3000 mm
Höhe	2440 mm
Bodenfreiheit	-
Motor	V-12-Dieselmotor W-2-34 (?) 500 PS
Hubraum	-
Leistung kW/PS	368/500
Leistungsgew.	15,6 PS/t
Höchstgeschw.	55 km/h (Straße), 25 km/h (Gelände)
Kraftstoffvorrat	-
Fahrbereich	186 km
Bewaffnung	1 x 7,6-cm-L-11-Kanone L 30,5 (Schuss), 2 x 7,62-mm-DT-Maschinengewehr (2640 Schuss)
Schwenkber. / Elevation	Turm: 360° / -
Panzerung	20–70 mm (T 34/86 M. 1943)
Kletterfähigkeit	max. 0,71 m
Überschreitfähigkeit	max. 2.95 m
Watfähigkeit	max. 1,37 m
Steigfähigkeit	35%

Der Aufbau des Panzers ist konventionell gehalten, der Motor wurde im Heck untergebracht. Er war ursprünglich mit einem 12-Zylinder-V-2-Dieselmotor ausgestattet, der ihm eine Geschwindigkeit von 55 km/h ermöglichte. Die Verarbeitung war bei den meisten Fahrzeugen sehr grob, außerdem hatte der T-34 einige Schwächen, wie z.B. sein Getriebe und seine Ketten. Das hinderte ihn aber nicht daran, eine sehr effiziente Kampfmaschine zu sein.

Taktischer Einsatz

Die Präsenz der T-34 auf den Schlachtfeldern war eine böse Überraschung für die Streitkräfte der Achsenmächte. Seine Panzerung widerstand den meisten ihrer Panzerabwehrwaffen. Die 7,6-cm-L-11-Kanone, die später durch das Kaliber 42 ersetzt wurde, war eine wirksame Waffe gegen die meisten Panzer der Deutschen und die ihrer Verbündeten. Der T-34 und der schwere Panzer KV-1 stellten für die feindlichen Panzertruppen eine ernsthafte Bedrohung dar.
Als Gegenmaßnahme zum T-34 installierten die Deutschen

Ein finnischer T-34 wird während eines Manövers von einer Handgranate getroffen. (SA-Kuva Fotoarchiv, Fotonummer 148973)

auf dem Panzer III die 5,0-cm-Kanonen mit Kaliber 60 und auf dem Panzer IV die lange 7,5-cm-Kanone mit Kaliber 43 oder 48. Außerdem entwickelten sie den neuen Panzer V »Panther«. Finnland hat während des Fortsetzungskrieges sieben Exemplare des T-34 erbeutet und setzte sie in ihren Panzerdivisionen ein. Rumänien fielen 1942 zwei T-34 und 1944 einige weitere Panzer in die Hände. Italien hatte einen T-34 im Einsatz, der bei der Entwicklung des schweren Panzers P-40 Pate stand.

Das Erscheinen der Version T-34/85 ermöglichte es den Russen, die Herrschaft über das Schlachtfeld wieder zu erlangen und zwang die Deutschen in die Defensive. Dieser Panzer war so hervorragend, dass er bis in die 1980er Jahre bei verschiedenen Streitkräften im Einsatz blieb.

Ein finnischer T-34 auf der Fahrt in einem Wald. (SA-Kuva Fotoarchiv, Fotonummer 152125)

M 14/41

Herstellung und taktischer Einsatz

In einen M 13/41 wurden im Juli 1941 wegen des tropischen Klimas Luftfilter und ein neuer 8-Zylinder-Dieselmotor mit 145 PS montiert. Diese Änderungen verbesserten die Leistungen des Panzerkampfwagens, zum Beispiel erhöhten sich so die Geschwindigkeit und die Relation zwischen Leistung/Gewicht, wodurch das Fahrzeug wendiger wurde.
Die Firmen Fiat und Ansaldo produzierten 740 Exemplare dieser Version unter der Bezeichnung M 14/41, die an einige Bataillone der Panzerdivisionen Littorio und Centauro verteilt wurden. Dieses Fahrzeug diente als Basis für den Panzerkampfwagen M 15/42, für zwei Selbstfahrlafetten und für ein Befehlsfahrzeug. Das Heer verwendete die M 13/40 und die M 14/41 in Nordafrika und in Jugoslawien, wo sie gute Leistungen trotz der ineffizienten Benutzung der militärischen Kommandanten boten. Nach dem italienischen Waffenstillstand erbeuteten die deutschen Truppen einige Exemplare dieses Panzerkampfwagens und setzten sie auf dem Balkan gegen die Partisanen ein.

Hersteller	Fiat-Ansaldo
Ursprungsbez.	Carro armato M 14/41
Besatzung	4
Gefechtsgew.	14.000 kg
Länge	4915 mm
Breite	2280 mm
Höhe	2370 mm
Bodenfreiheit	380 mm
Motor	SPA 15T M 41, V8-Zyl.-Diesel
Hubraum	11.980 cm³
Leistung kW/PS	106/145
Leistungsgew.	10,35 PS/t, 0,7 km/cm³
Höchstgeschw.	32 km/h (Straße), 16 km/h (Gelände)
Kraftstoffvorrat	180 Liter
Fahrbereich	200 km (1,1 km/l), 10 Stunden (Gelände)
Bewaffnung	1 x 4,7-cm-Kanone L 32 (87 Schuss), 4 x 8-mm-Maschinengewehr (2664 Schuss)
Schwenkber. / Elevation	Turm: 360° / -10° +18° Kasematte: 28° / 38°
Panzerung	6–42 mm
Watfähigkeit	max. 0,8 m
Überschreitfähigkeit	max. 2 m
Watfähigkeit	max. 1 m
Steigfähigkeit	45%

Mittlerer Panzerkampfwagen M 14/41. (Sammlung Ansaldo)

M 15/42 und Prototyp eines Flugabwehrpanzers

Herstellung und technische Beschreibung

Das Unternehmen Ansaldo begann etwa ab Mitte 1942 mit dem Bau des Panzerkampfwagens M 15/42 als letzte Entwicklung der Serie M. Seine Leistungen waren deutlich besser als die des M 41. Das Chassis war verlängert worden, um die Installation des neuen V8-Zylinder-Ottomotors SPA 15 TB mit einer Leistung von 192 PS zu ermöglichen, der die Geschwindigkeit des Fahrzeugs auf etwa 8 km/h erhöhte. Der M 15/42 besaß ein elektrisches Turmschwenkwerk und eine längere 4,7-cm-Kanone L/40 (statt der L/32), die eine um 30 Prozent höhere Anfangsgeschwindigkeit gegenüber der 4,7-cm-L/32 von M 13/40 und M 14/41 aufwies. Der Frontschutzbügel des Panzers wurde auf 45 mm und der des Schildes auf 50 mm erhöht. Die Zugangsluke zum Turm war auf der rechten Seite platziert. Die Armee bestellte 194 Exemplare vom M 15/1942 und 26 Radiozentrum-Panzer (centro-radio), von denen 146 bzw. 17 vor dem 30. April 1943 ausgeliefert wurden. Diese Version des M 15 wurde mit zwei Funkgeräten und einem Zwillings-Maschinengewehr ausgerüstet. Im September 1943 erbeuteten deutsche Truppen 95 Panzer des Typs M 15/42. Die Firmen Fiat und Ansaldo produzierten bis März 1945 weitere 28 Exemplare für die Wehrmacht.
Ansaldo stellte im Jahr 1943 den Prototyp eines Flak-Panzers vor, der auf dem Chassis des M 15/42 basierte. Seine Bewaffnung bestand aus vier 20-mm-Kanonen Isotta Franschini. Das Fahrzeug sollte die Panzer-Kolonne gegen Luftangriffe schützen. Kurz vor dem Waffenstillstand Italiens waren noch Schusstests mit dem Prototyp begonnen worden. Deutsche Truppen übernahmen das Fahrzeug im September 1943.

Hersteller	Fiat-Ansaldo
Ursprungsbez.	Carro armato M 15/42
Besatzung	4
Gefechtsgew.	15.500 kg
Länge	5060 mm
Breite	2280 mm
Höhe	2370 mm
Bodenfreiheit	410 mm
Motor	SPA 15T M 42, V8-Zyl.-Diesel
Hubraum	11.980 cm^3
Leistung kW/PS	140,6/192
Leistungsgew.	12,38 PS/t, 7 km/cm^3
Höchstgeschw.	40 km/h (Straße), 20 km/h (Gelände)
Kraftstoffvorrat	407 Liter
Fahrbereich	220 km (1,1 km/l), 10 h (Gelände)
Bewaffnung	1 x 4,7-cm-Kanone L 40 (104 Schuss), 3–4 x 8-mm-Maschinengewehr (2640 Schuss)
Schwenkber. / Elevation	Turm: 360° / -10° +20° Kasematte: 28° / 38°
Panzerung	6–45 mm
Watfähigkeit	max. 0,8 m
Überschreitfähigkeit	max. 2 m
Watfähigkeit	max. 1 m
Steigfähigkeit	45%

Der erste Prototyp des mittleren italienischen Panzers M 15/42 bei der Überwindung eines vertikalen Hindernisses.

Sahariano (Carro armato medio celere)

Entwicklung

Die Firmen Fiat und Ansaldo entwickelten während des Krieges einen neuen mittleren Panzer (15–16 Tonnen), der die britischen Kampffahrzeuge Cruiser Mk III und MK VI Crusader in Nordafrika bekämpfen konnte. Im Jahr 1943 wurde nur ein Prototyp mit einem niedrigen Profil realisiert.

Die Panzerung war gut geformt und geneigt, aber die Stahlplatten wurden noch verbolzt und nicht verschweißt, wie es in anderen Ländern Brauch war. Das Fahrzeug besaß einen 8-Zylinder-SPA-Benzinmotor mit einer Leistung von 275 PS. Seine Bewaffnung bestand aus einer 4,7-cm-Kanone L/40 und zwei 8-mm-Maschinengewehren. Seine Höchstgeschwindigkeit betrug 60 km/h, aber das Kampffahrzeug hatte schlechtere Leistungswerte als die alliierten Panzer der gleichen Kategorie. Der schwere Panzer P 40 und der Verlust der afrikanischen Kolonien schränkten seine weitere Entwicklung ein.

Hersteller	Ansaldo Fossati – Fiat
Ursprungsbez.	Carro armato medio celere Sahariano
Besatzung	4
Gefechtsgew.	ca. 15.000 kg
Länge	5800 mm
Breite	2800 mm
Höhe	2000 mm
Bodenfreiheit	-
Motor	SPA, V8-Zylinder Ottom.
Hubraum	11.300 cm³
Leistung kW/PS	201/275
Leistungsgew.	ca. 18 PS/t
Höchstgeschw.	60 km/h (Straße)
Kraftstoffvorrat	k. A.
Fahrbereich	300 km (2 km/l)
Bewaffnung	1 x 4,7-cm-Kanone L 40, 2 x 8-mm-MG Breda Mod. 1938
Schwenkber. / Elevation	li. u. re. 20° / -9° +24°
Panzerung	30–50 mm
Watfähigkeit	k. A.
Überschreitfähigkeit	k. A.

Prototyp des mittleren Panzerkampfwagens Sahariano.

Renault R 35

Entwicklung und Produktion

Das Conseil Consultif de l'Armament dell'Armée de Terre erteilte am 2. August 1933 die Spezifikationen eines Panzerkampfwagens von 6 Tonnen, der den veralteten, noch im Dienst befindlichen Renault FT-17 ersetzen sollte. Den Wettbewerb gewann Renaults Prototyp, dessen Gefechtsgewicht 10,6 t und dessen maximale Panzerung 43 mm betrugen. Er war mit einer 3,7-cm-Kanone und einem koaxialen 7,5-mm-Reibel-Maschinengewehr in einem Ein-Mann-Drehturm bewaffnet. Die französische Firma stellte ungefähr 1540 R 35- und etwa 120 R 40-Panzer her. Die verbesserte Version besaß einen neuen Turm mit einem 3,7-cm-Geschütz Puteaux SA 38 L/35 sowie einem 7,5-mm-MG. Einer der Mängel des französischen Kampfwagens war die leichte Abnutzung der Raupen, die seine Verwendung einschränkte.

Taktischer Einsatz

Nach dem Waffenstillstand mit Frankreich übernahm die Wehrmacht 935 R 35-Panzer, das italienische Heer im Jahr 1941 121 Stück. Kontakt mit der Außenwelt wurde mittels den Funkgeräten der Marke Marelli RF. 1CA hergestellt. Die meisten Fahrzeuge waren auf zwei Bataillone des 131. Regiments aufgeteilt, die im Juli 1943 an den Kämpfen in Sizilien teilnahmen. Die mobile Gruppe E der Division Livorno versuchte, die in diesem Gebiet gelandeten Truppen anzugreifen. In diesen Kämpfen gingen die meisten der 35 R-35-Panzer verloren.

Mindestens ein Dutzend dieser Panzer wurden durch die 152-mm-Geschütze des amerikanischen leichten Kreuzers *Boise* zerstört, der mit seinem Kanonenbeschuss den Vormarsch der amerikanischen Bodentruppen schützte.

Im März 1941 trat Bulgarien den Achsenmächten bei und erlaubte es dann den deutschen Truppen, über Bulgarien aus Griechenland anzugreifen. Anschließend beteiligte sich Bulgarien an der Besetzung Griechenlands, vor allem Mazedoniens. Bulgarien besaß 14 C.V. 33 Tanketten (1934 erworben) und acht leichte Panzerkampfwagen des Typs Vickers-6-ton (1938 erworben). Im Februar 1940 verkaufte Deutschland 36 leichte Panzer vom Typ PzKpfw 35(t) an die bulgarische Armee.

Ab Juni 1941 verfügte Bulgarien über eine gepanzerte Brigade, bestehend aus dem 1. Panzerregiment (1 Aufklärungskompanie mit 14 C.V.-33, 1. Bataillon mit 36 PzKpfw 35(t) und 2. Bataillon mit 40 R-35, gespendet von Deutschland) und dem 1. mechanisierten Infanterieregiment. Nach der Besetzung Jugoslawiens im April 1941 erlaubte Deutschland die Gründung eines unabhängigen Staates in Kroatien, dessen Armee mit einigen Renault FT- und R-35-Panzern ausgestattet war, die zuvor der jugoslawischen Armee gehört hatten. Während des Krieges erhielt Kroatien weitere drei R-35, die der polnischen Armee gehört hatten.

Neben dem Kauf der Panzerkampfwagen R-1- und R-2 als Ersatz für die veralteten Renault FTs untersuchte das rumänische Verteidigungsministerium die in Frankreich hergestellten Fahrzeuge. Im Mai 1938 ordnete es die Produktion einer ersten Serie von 50 Renault R-35 und 60 Renault EU-Artillerietraktoren an.

Hersteller	Renault
Ursprungsbez.	R. 35
Besatzung	2
Gefechtsgew.	10.600 kg
Länge	4020 mm
Breite	1850 mm
Höhe	2100 mm
Motor	Renault, 4-Zyl.-Ottom.
Hubraum	k. A.
Leistung kW/PS	62/85
Leistungsgew.	8 PS/t
Höchstgeschw..	20 km/h (Straße)
Kraftstoffvorrat	k. A.
Fahrbereich	140 km (Straße)
Bewaffnung	1 x 3,7-cm-Kanone L/20 (58 Schuss), 1 x 7,5-mm-MG Châtellerault Modell 1931 (2250 Schuss)
Schwenkber. / Elevation	-
Panzerung	32–45 mm
Kletterfähigkeit	k. A.
Steigfähigkeit	65%

Mittlerer Panzerkampfwagen R 35. (Sammlung CETEM)

Großeinsatz von Renault R 35-Panzern, welche die Wehrmacht der italienischen Armee überlassen hatte.

Die rumänische Regierung erhielt die Möglichkeit, diesen Fahrzeugtyp in Lizenz herzustellen. Doch aus diversen Gründen konnte die Produktion dort nicht stattfinden. Rumänien erhielt stattdessen mindestens 40 R-35-Panzer von Frankreich. Nach der deutschen Besetzung Polens fanden mehr als 100.000 polnische Soldaten Zuflucht in Rumänien, darunter das 21. Panzerbataillon mit 34 R-35-Panzern, die von Rumänien konfisziert wurden. So stieg die Zahl der R-35-Fahrzeuge, die den rumänischen Truppen zur Verfügung standen, auf etwa 75 und wurden dem 2. gepanzerten Regiment unterstellt.

Nach Beginn des »Unternehmens Barbarossa« wurden die R-35 nur noch zur Unterstützung des Vormarsches der rumänischen Truppen in Bessarabien, Bukowina und im Gebiet von Odessa eingesetzt. Ende 1941 wurden die Fahrzeuge, die die Kämpfe überstanden hatten, nur noch zu Übungszwecken eingesetzt.

Im Jahr 1943 wurde ein Teil der R-35 Panzer mit der sowjetischen 4,5-cm-Kanone M1937 L/46 ausgestattet. Die Version wurde als »Vanatorul de Care R35« bezeichnet. Im Frühjahr 1945 hatte Rumänien noch zwanzig R-35 im Einsatz, sowohl die Originale als auch die Version Vanatorul, die dem 2. Panzerregiment unterstellt waren. Fahrzeuge, die den Krieg überdauerten, wurden anschließend außer Dienst gestellt und durch sowjetische Panzerfahrzeuge ersetzt.

Somua S 35

Herstellung und taktischer Einsatz

Das französische Heer erhielt 430 Panzerkampfwagen Somua S 35, die die Firma Somua zwischen 1936 und 1940 hergestellt hatte. Diese Kampffahrzeuge wurden von mechanisierten Divisionen (Divisions Légères Mécaniques) eingesetzt. Die Bewaffnung dieses klassischen Turmpanzers bestand aus einer 4,7-cm-Kanone L /32 und einem koaxialen 7,5-mm-Reibel-MG. Der Panzer wurde von Stahlplatten mit einer maximalen Dicke von 47 mm geschützt. Er besaß einen 8-Zylinder-Ottomotor Somua, der eine Höchstgeschwindigkeit von 37 km/h gestattete. Nach dem Fall von Frankreich wurden 297 Panzer vom Typ S 35 in den Dienst der Wehrmacht als Panzerkampfwagen 35-S 739 (f) übernommen. Das italienische Heer erhielt 1941 32 PKW S 35, die an ein Panzerbataillon auf Sardinien geliefert wurden, wo die Kampffahrzeuge keine Gelegenheit mehr hatten, an militärischen Operationen teilzunehmen.

Hersteller	Somua
Ursprungsbez.	Automitrailleuse de Cavalerie Somua S 35
Besatzung	3
Gefechtsgew.	19.500 kg
Länge	5300 mm
Breite	2210 mm
Höhe	2620 mm
Motor	Somua, V8-Zyl.-Benzin
Hubraum	k. A.
Leistung kW/PS	140/190
Leistungsgew.	9,7 PS/t,
Höchstgeschw.	ca. 38 km/h (Straße), 32,2 km/h (Gelände)
Kraftstoffvorrat	510 Liter
Fahrbereich	260 km (1,1 km/l), 128 km (Gelände)
Bewaffnung	1 x 4,7-cm-Kanone L 32, 1 x 7,5- mm-MG
Schwenkber. / Elevation	k. A.
Panzerung	20–55 mm

Mittelschwerer Kampfpanzer Somua 35.

Schwere Panzerkampfwagen

Fiat 2000

Entwicklung

Die Firma Fiat baute aus eigener Initiative zwei Prototypen eines schweren Panzerkampfwagens (unter der Bezeichnung Fiat 2000), um an der Entwicklung neuer Kampffahrzeuge teilnehmen zu können, die zum ersten Mal im September 1916 während der Schlacht an der Somme verwendet wurden. Das erste Exemplar testete eine militärische Kommission im Juni 1917. Das zweite Fahrzeug wurde im Februar 1918 komplettiert. Beide Panzerwagen blieben im italienischen Heer bis zum Ende der 1920er Jahre im Dienst.

Technische Beschreibung

Der Fiat 2000 war das zweitschwerste Kampffahrzeug des Ersten Weltkriegs. Sein Gewicht betrug 40 Tonnen. Die Form des Fiat 2000 glich sehr den deutschen Panzern.
Die Stahlplatten wurden mit Bolzen befestigt. Der Panzerkampfwagen hatte einen 6-Zylinder-Motor Fiat A 12 mit einer Leistung von 240 PS an Bord, seine Höchstgeschwindigkeit lag bei knapp 6 km/h. Die Bewaffnung bestand aus einer 6,5-cm-Kanone in einem Ein-Mann-Drehturm sowie sieben 6,5-mm-Maschinengewehren vom Typ Fiat Modell 1914. Die Besatzung umfasste zehn Soldaten (Fahrer, Panzerkommandant, ein Kanonier und sieben Maschinengewehrschützen).

Hersteller	Fiat
Ursprungsbez.	Fiat 2000
Besatzung	10
Gefechtsgew.	40.000 kg
Länge	7400 mm
Breite	3100 mm
Höhe	3800 mm
Bodenfreiheit	-
Motor	Fiat A 12, 6-Zyl.-Benzin
Hubraum	k. A.
Leistung kW/PS	175,8/240
Leistungsgew.	6 PS/t
Höchstgeschw.	6 km/h (Straße)
Kraftstoffvorrat	600 Liter
Fahrbereich	75 km (0,125 km/l)
Bewaffnung	1 x 6,5-cm-Kanone in Ein-Mann-Drehturm, 7 x 6,5-mm-MG Fiat 14
Schwenkber. / Elevation	-
Panzerung	15–20 mm
Watfähigkeit	max. 1 m
Überschreitfähigkeit	max. 3 m

Schwerer Panzerkampfwagen Fiat 2000.

P 40

Herstellung und taktischer Einsatz

Der Entwurf eines schweren Panzerkampfwagens wurde 1938 von Fiat begonnen. Im darauffolgenden Jahr bekam Mussolini die Information, dass die UdSSR einen PKW von 25 Tonnen entwickelt hatte. Der Diktator forderte vom Heer, ein Fahrzeug der gleichen Kategorie zu erwerben. Im Juli 1940 beauftragte der General Caracciolo die Offiziere der Kraftfahrzeugzulassungsstelle und im August die Firma Ansaldo damit, einen neuen schweren Panzer zu entwickeln. In den folgenden Monaten verwirklichten sie vier Projekte, die die Anforderungen der Armee zufrieden stellten. Diese Projekte wurden auch dem Diktator vorgestellt und sorgfältig ausgewertet. Das ausgewählte Modell bekam die Bezeichnung P 75 (»P« steht für »Pesante« – schwer und »75« für das Kaliber der Kanone). Im Dezember 1940 wurde ein Holzmodell gefertigt, das mit der 7,5-cm-Haubitze L/18 bewaffnet war. Der Bau des ersten Prototyps dauerte sehr lange, denn der Motor der 300-PS-Leistungsklasse war nicht verfügbar. Fiat stellte im Oktober 1941 den 12-Zylinder-Motor SPA 342 mit 330 PS fertig, sodass der Prototyp des P 26/40 im Dezember fertiggestellt werden konnte.

Die Armee übergab unterdessen Ansaldo einen erbeuteten T 34. Nach einer sorgfältigen Untersuchung des sowjetischen Panzers brachte das Unternehmen zahlreiche Änderungen an dem Prototyp an, insbesondere im hinteren Teil des Chassis und am Turm. Der Panzerkampfwagen ähnelte auf diese Weise schließlich sehr in der Form dem T 34. Im Juli 1942 wurde die neue 7,5-cm-Kanone L/34 zur Hauptwaffe bestimmt und auf dem Drehteller installiert, weil die Haubitze als Waffe nicht mehr angemessen war. Am 27. Oktober 1942 ordnete die Armee die Produktion von 500 Einheiten dieses Panzers an. Die Serienproduktion sollte in der zweiten Hälfte des Jahres 1943 beginnen, doch die ständigen Veränderungen verursachten weitere Verzögerungen; vor dem italienischen Waffenstillstand wurden nur fünf Prototypen hergestellt.

Das Unternehmen setzte anschließend die Produktion für die Wehrmacht bis März 1945 fort. Insgesamt wurden 114 Panzerkampfwagen P 26/40 (bekannt als PzKpfw P 40 737 (i)) gebaut, von denen allerdings 40 Exemplare wegen der großen Lieferschwierigkeiten keinen Motor besaßen. Diese motorlosen Panzer wurden daraufhin als ortsfeste Verteidigungsstellungen (zum Beispiel entlang der Gotenstellung) eingegraben.

Hersteller	Ansaldo
Ursprungsbez.	Carro armato P 40
Besatzung	4
Gefechtsgew.	26.000 kg
Länge	5705 mm
Breite	2750 mm
Höhe	2500 mm
Bodenfreiheit	437 mm
Motor	SPA 342, 12-Zyl.-Dieselm.
Hubraum	24.330 cm^3
Leistung kW/PS	241,7/330
Leistungsgew.	12,7 PS/t
Höchstgeschw.	40 km/h (Straße), 25 km/h (Gelände)
Kraftstoffvorrat	400 Liter
Fahrbereich	280 km (0,7 km/l)
Bewaffnung	1 x 7,5-cm-Kanone L/34 in Drehturm (63 Schuss), 1 x 8-mm-koaxial-MG Breda Mod. 1938 (576 Schuss) u. 1 x 8-mm-Flak-MG Breda Mod. 1938 (576 Schuss).
Schwenkber. / Elevation	360° / 53°
Panzerung	14–50 mm
Watfähigkeit	max. 1,15 m
Überschreitfähigkeit	max. 2,50 m

Schwerer Panzerkampfwagen P 40.

Infanterie-Panzerkampfwagen Matilda II

Die britische Firma Vickers-Armstrong produzierte im Zeitraum von 1937 bis 1940 ungefähr 140 Panzerkampfwagen des Typs Matilda I (A 11), die zur Infanterieunterstützung eingesetzt wurden. Dessen Bewaffnung bestand nur aus einem 7,7-mm-MG, doch verfügte er über eine gute Panzerung (mit einer Dicke bis zu 60 mm). Mit seiner Geschwindigkeit von 12 km/h war er allerdings zu langsam.
Während des Frankreichfeldzuges 1940 erbeuteten die deutschen Truppen verschiedene Matilda I des britischen Expeditionskorps. Diese veralteten Panzer ersetzten später die Modelle Matilda II und III, die je mit einer 2-Pfünder-Kanone, einem 7,7-mm-Besa-MG und einem 7,7-Bren-Flak-MG bewaffnet waren. Die Panzerung wurde bis zu 78 mm verstärkt. Gegen den Matilda II waren die meisten italienischen und deutschen Waffen wirkungslos, einzig die 9,0-cm- und 8,8-cm-Flak-Kanonen waren in der Lage, die Panzerung des Matilda II zu durchschlagen.
Das Haupteinsatzgebiet wurde Nordafrika, wo der Matilda II jeden italienischen Panzer der Zeit (L 3, M 11/39, M 13/40, M 14/41) zerstören konnte. Ab März 1941 kämpfte der Matilda II gegen die moderneren Panzer des Afrikakorps, die einen besseren Panzerschutz und eine bessere Bewaffnung als die italienischen Kampffahrzeuge besaßen. Die italienischen Truppen erbeuteten im Sommer 1942 mindestens einen Matilda Mk II im Laufe der »Operation Compass«.

Hersteller	Vulcan Foundry und andere Firmen
Ursprungsbez.	Carro armato pesante Matilda
Besatzung	4
Gefechtsgew.	26.926 kg
Länge	5610 mm
Breite	2590 mm
Höhe	2510 mm
Bodenfreiheit	-
Motor	2 Leyland E 148/E 149, 6-Zyl.-Diesel
Hubraum	je 7000 cm^3
Leistung kW/PS	Zusammen 140/190
Leistungsgew.	7 PS/t
Höchstgeschw.	24 km/h (Straße), 13 km/h (Gelände)
Kraftstoffvorrat	211 Liter
Fahrbereich	145 km (0,68 km/l), 90 km (Gelände)
Bewaffnung	1 x 2-Pfünder-Kanone (4 cm), L 52, 1 x-7,92-mm-MG Besa
Schwenkber. / Elevation	-
Panzerung	20–78 mm
Watfähigkeit	max 0,91 m
Überschreitfähigkeit	-

Britischer Matilda II-Panzer mit der italienischen Flagge auf dem Weg nach Tobruk, 1941. (PD)

Matilda II-Kampfpanzer, ausgestellt im Panzermuseum Bovington in Großbritannien. (Foto: Hohum, © CC BY SA 3.0)

Infanterie-Panzerkampfwagen Matilda II. (Foto: Joost J. Bakker, © CC BY 2.0)

40M Turan I

Entwicklung und Herstellung

Am Vorabend des Zweiten Weltkriegs versuchte Ungarn, die Lizenzproduktion eines mittleren Panzerwagens zu erwerben. Die Firma CKD (Prag) beteiligte sich an dem Wettbewerb mit dem Panzer V-8-H, den bereits die tschechische Armee einsetzte, und Skoda mit dem Panzer S-IIc (abgeleitet vom LT vz 35). Dieses letzte Modell wurde 1940 in T-21 umbenannt, woraus die Variante T-22 entstand, die mit einer stärkeren Kanone und einer größeren Panzerung ausgestattet wurde.

Der T 22 wurde im Mai 1940 in Pilsen vorgestellt. Die beiden mittleren Panzerkampfwagen, V-8-H und T-22, wurden im Sommer 1940 in Ungarn getestet. Die ungarische Armee erwarb schließlich den Lizenzbau des T22. Bevor der tschechoslowakische Panzer in Produktion ging, wurde er erheblich modifiziert. Der ursprüngliche Turm für zwei Mann wurde durch einen für drei Mann ersetzt, als Aggregat wurde ein 260 PS starker Manfréd-Weisz-Motor eingebaut.

Die Bewaffnung war ungarischer Bauart. Der Prototyp des neuen Panzers, der in Turan umbenannt wurde, war im August 1941 fertig. Im Oktober 1941 begann die Serienproduktion von 190 40M Turán I, die später auf 230 erhöht wurde. Mit der Herstellung wurden folgende Firmen betraut: 70 Fahrzeuge kamen von Manfréd Weisz in Csepel, 50 von Ganz in Budapest, 70 von MVG in Györ und 40 von Mávág in Budapest. 1942 gaben die ungarischen Behörden ein drittes Los von weiteren 70 Panzern in Auftrag (16 wurden von Manfréd Weisz, 23 von Ganz, 12 von MVG, 19 von Mávág in Budapest gebaut).

Insgesamt wurden bis 1944 etwa 285 Panzer produziert, die der 1. und 2. Panzerdivision sowie der 1. Kavalleriedivision zugeteilt wurden.

Technische Beschreibung

Der 40M Turán I war ein mittlerer Panzerkampfwagen mit einer Besatzung von fünf Mann. Im sechseckigen Turm saßen der Kommandant (hinten links), der Richtschütze (vorne links) und ein Ladeschütze rechts. Die beiden letzten hatten jeweils ein drehbares Periskop, der Kommandant zwei am Turm installierte gepanzerte und schwenkbare Periskope. Der Turán verfügte über das Funkgerät R-5/a, dessen Antenne vorne links am Fahrzeug befestigt war.

Vorne rechts im Panzer saß der Fahrer, links von ihm der Maschinengewehr-Richtschütze. Im hinteren Bereich befand sich der Motor, ein Manfréd-Weisz 8-Zylinder-V-Zylinder mit 14,9 Liter Hubraum, der 260 PS bei 2.200 Umdrehungen pro Minute lieferte.

Das Fahrzeug hatte einen Treibstofftank für insgesamt 265 Liter Benzin. Die Besatzung gelangte ins Fahrzeug durch zwei Luken an den Seiten des Turms und über die zweiteilige Luke, die den Turm verschloss.

Der Turán war mit der 4-cm-Kanone 41M (L/51) und dem 7,92-mm-Koaxial-Maschinengewehr 34/40M bewaffnet, während sich ein zweites Maschinengewehr desselben Typs in der vorderen linken Wanne befand. Die Panzerung bestand aus geformten Stahlplatten, die durch Nieten mit den Rahmenachsen verbunden waren.

Taktischer Einsatz

Diese mittleren Panzerkampfwagen waren bei der Katastrophe der 2. Ungarische Armee am Don im Januar 1943 nicht dabei. Dem ungarischen Oberkommando war klar, dass der 40M Turan I im Vergleich zu den sowjetischen Panzern veraltet war. Die ungarischen Panzer mussten mit mindestens einer 7,5-cm-Kanone ausgerüstet sein, um feindliche gepanzerte Fahrzeuge zerstören oder ausschalten zu können.

Mehrere 40M Turán I-Panzer parken in einem Depot in der Nähe der ungarischen Hauptstadt.

41M Turan II

Nach den ersten Militäroperationen an der Ostfront sah der ungarische Generalstab die Notwendigkeit ein, einen Panzer beschaffen zu müssen, der dem sowjetischen T-34 und dem KV-2 etwas entgegensetzen konnte. Die ungarische Armee arbeitete deshalb mit der MÁVÁG und anderen ungarischen Unternehmen zusammen, um eine schwere Variante des Turan I zu entwickeln und diese mit einer 7,5-cm-Kurzrohrkanone auszustatten. 1942 produzierte MÁVÁG eine neue Waffe, die jedoch auf der österreichisch-ungarischen Kanone 7,65 cm Böhler M. 18 basierte. 1942 wurde ein erster Prototyp fertiggestellt und als »41M Turán II nehéz harckocsi« bezeichnet. Sein Munitionsvorrat betrug 52 Granaten.
Im selben Jahr erteilte das ungarische Verteidigungsministerium einen ersten Auftrag. Die ersten Muster wurden allerdings erst im Frühjahr 1943 ausgeliefert. Insgesamt bestellten die ungarischen Behörden 322 Turan II, aber nur 139 wurden fertiggestellt (die meisten im Jahr 1943, der Rest 1944).
In der Schlacht um Stalingrad konnte sich die 1. Ungarische Panzerdivision einer Einkesselung durch die Rote Armee entziehen, erlitt aber sehr schwere Verluste an Mann und Material (geschätzt jeweils ca. 75% Verluste). Die ungarische Armee musste diese Panzerdivision wieder neu aufstellen und dazu noch eine zweite bilden, um den operativen Erfordernissen zu genügen. Das Panzerregiment bestand aus zwei gemischten Bataillonen (jeweils mit zwei Turan I-Kompanien zu je 17 Fahrzeugen, ebensoviele Turan II-Kompanien mit jeweils 11 Fahrzeugen) und eine Anzahl an leichten Toldi-Panzern. Die Kavallerieabteilung verfügte nur über ein gemischtes Panzerbataillon. 1944 wurde sie in 41M Turán rövid (kurzer schwerer Kanonenwagen) umbenannt.
Auch Turan II wurde von Beobachtern wenig positiv beurteilt; während seines Einsatzes an der Ostfront konnte er einen T-34 nicht aus angemessener Entfernung vernichten. Trotz seiner Einschränkungen war er 1943 der einzige erhältliche schwere Wagen, der in nennenswerten Mengen produziert wurde.

Turan II mit dem 7,5-cm-Kurzrohrgeschütz in einem Depot. (Fortepan/Tivadar, CC-BY-SA-3.0)

43M Turan III

Entwicklung

Im Frühjahr 1943 begann MÁVÁG mit dem Entwurf einer dritten Version des Turan, die mit einer 7,5 cm langen Kanone bewaffnet werden sollte. Das Unternehmen entwickelte eine eigene Version der deutschen 7,5-cm-KwK 40-Kanone, genannt 75 mm 43M, die sowohl ungarische als auch deutsche Munition verwenden konnte. Der erste Prototyp, der im Winter 1943/1944 fertiggestellt wurde, erhielt zunächst den Namen »43M Turan III schwer« und ab 1944 »43M Turan 75 lang«.
Das Fahrzeug hatte einen verlängerten Turm, der diese Waffe aufnehmen konnte, während der Rest den beiden Vorgängermodellen ähnlich war. 32 Granaten konnten im Fahrzeug transportiert werden.
Geplant war die Modernisierung aller bisher produzierten Fahrzeuge, um sie mit der neuen Kanone und der Panzerung vergleichbar den deutschen PzKpw III und IV auszurüsten. Die deutsche Besetzung Ungarns am 19. März 1944 unterbrach dieses Programm.

Drei M40 Turan I-Panzer in einem Werk in Budapest. Im Vordergrund sieht man einen ausgebauten Motor vor dem Heck eines Panzers. (Fortepan/Tivadar, CC-BY-SA-3.0)

Hersteller	Manfréd Weisz, Ganz, MVG, MÁVÁG	Manfréd Weisz, Ganz, MVG, MÁVÁG	MÁVÁG
Ursprungsbez.	40M Turan I	41M Turan II	43M Turan III
Besatzung	5	5	5
Gefechtsgew.	18.500 kg	19.200 kg	23.300 kg
Länge	5680 mm	5680 mm	6860 mm
Breite	2540 mm	2540 mm	2600 mm
Höhe	2330 mm	2330 mm	2650 mm
Bodenfreiheit	380 mm	380 mm	380 mm
Motor	8-Zylinder-Benzinmotor M. Weisz	8-Zylinder-Benzinmotor M. Weisz	8-Zylinder-Benzinmotor M. Weisz
Hubraum	-	-	-
Leistung kW/PS	191/260	191/260	192/260
Leistungsgew.	14,28 PS/Tonne	14,54 PS/Tonne	Ca. 14,8 PS/Tonne
Höchstgeschw.	47 km/h (Straße)	43 km/h (Straße)	40 km/h (Straße)
Kraftstoffvorrat	265 Liter	265 Liter	265 Liter
Fahrbereich	165 km	150 km	120 km
Bewaffnung	1 x 4-cm-L/51-Kanone 41M (Skoda A 17, 101 Schuss), 2 x 8-mm-MG-34/37M (3000 Schuss)	1 x 7,5-cm-L/25-Kanone 41M (56 Schuss), 2 x 8-mm-MG-34/37M (1800 Schuss)	1 x 7,5-cm-Kanone 43M (32 Schuss), 2 x 8-mm-MG-34/40M (1800 Schuss)
Schwenkber. / Elevation	360° / -10° + 25	360° / -10° + 25	360° / -10° + 25
Panzerung	14–50 mm	14–50 mm	35–95 mm
Kletterfähigkeit	max. 0,8 m	max. 0,8 m	max. 0,8 m
Grabenüberschreitfähig-keit	max. 2,2 m	max. 2,2 m	max. 2,2 m
Watfähigkeit	max. 0,9 m	max. 0,9 m	max. 0,9 m
Steigfähigkeit	45%	45%	45%

T-35, T-100, SMK und KV-1

Entwicklung und Herstellung

Hersteller	-
Ursprungsbez.	KV-1
Besatzung	5
Gefechtsgew.	45.000–47.000 kg
Länge	6750 mm (inkl. Anhänger m. entzündl. Flüssigk.)
Breite	3320 mm
Höhe	2710 mm
Bodenfreiheit	-
Motor	V-2 K 12-Zylinder-Dieselmotor, 600 PS
Hubraum	-
Leistung kW/PS	400 / 600
Leistungsgew.	9,55 PS/t
Höchstgeschw.	35 km/h (Straße), 16 km/h (Gelände)
Kraftstoffvorrat	-
Fahrbereich	180 km
Bewaffnung	1 x 7,62 cm-Kanone F-32 L 32. 3 x 7,63-mm-MG-DT
Schwenkber. / Elevation	-
Panzerung	30–100 mm
Watfähigkeit	max. 1,60 m
Überschreitfähigkeit	max. 2,70 m

In den 1930er Jahren entwickelte die Rote Armee weiterhin schwere Panzer (wie den T-35), die verschiedene Kanonentypen besaßen, die auf mehrere Türme verteilt waren, in der Überzeugung, dass diese Panzer so mehrere Ziele gleichzeitig angreifen könnten. Der T-35 ist ein hervorragendes Beispiel dafür. Er besaß fünf Türme (einen mit der 7,62-cm-Kanone M1927/32, zwei mit der 4,5-cm-Kanone Modell 1932 und zwei mit einzelnen 7,62-mm-DT-Maschinengewehren). Die Ergebnisse, welche diese Fahrzeuge ablieferten, waren allerdings nicht besonders ermutigend. Während des Sowjetisch-Finnischen Winterkrieges kam der T-35 gegen die Befestigungen der Mannerheim-Linie zum Einsatz. Seine Produktion wurde von den Sowjets aber nicht fortgesetzt. Im Rest der Welt setzte sich das Konzept eines Kampfpanzers durch, der mit einer einzigen Kanone in einem einzigen, um 360° schwenkbaren Turm versehen war.

Im November 1937 begann die Entwicklung eines neuen bahnbrechenden Panzers, der erstmals über eine ausreichende Panzerung verfügte (ein Schwachpunkt der bisherigen sowjetischen Panzer) und mit einem Dieselmotor ausgerüstet war (im Falle eines Treffers schwerer entflammbar). Drei Prototypen wurden entwickelt, um die von der Roten Armee geforderten Spezifikationen zu erfüllen: der T-100, der SMK (beide mit zwei Türmen) und der KV-1 (mit einem Turm). Der T-100 hatte einen um 360° schwenkbaren Hauptturm mit einer 7,62-cm-L-11-Kanone (120 Geschosse verfügbar) und einen zweiten Turm, der niedriger war als der erste, dessen Schwenkbereich außerdem auf 180° begrenzt und mit einer 4,5-cm-M1937-Kanone (393 Geschosse) bewaffnet war. Zur Nahverteidigung dienten zwei 7,62-mm-Degtjarjow-Maschinengewehre.

Die Bewaffnung der SMK bestand aus einer kurzen 7,62-cm-Kanone in dem erhöhten, mittig gelegenen Turm und aus einer 4,5-cm-Kanone im vorderen Turm. Der KV-1-Prototyp war mit einer 7,62-cm-Kanone Mod. 39 und einem 7,63-mm-Maschinengewehr bewaffnet, die in dem um 360° schwenkbaren Turm installiert waren. Der SMK, die beiden Prototypen des KV-1 und des T-100 wurden einer Reihe von Tests unterzogen, bevor sie an der Schlacht von Summa im Winterkrieg gegen Finnland teilnahmen.

Während des Winterkrieges lieferte der KV-1 die besten Ergebnisse der drei evaluierten Fahrzeuge, so dass die Produktion einer ersten Serie von 50 Fahrzeugen, bekannt als KV 1 Modell 1939, genehmigt wurde. Hergestellt wurden sie von den Kirov-Werken, welche die Panzer im März 1940 auslieferten. Bewaffnet waren sie mit einer 7,62-cm-L 11-Kanone, da sich die Produktion der geplanten 7,62-cm-F 32-Kanone verzögerte.

Die erste Version war mit einem 2-Zylinder-Diesel Modell V-1 mit 600 PS und 450 kW ausgestattet. Die zweite Version, K. V. 1 Modell 1940, war mit der Kanone F 32 und einer neuen Panzerung ausgestattet. Von dieser Baureihe wurden etwa 240–250 Fahrzeuge produziert. Die Herstellung war noch im Gange, als die Wehrmacht in die Sowjetunion einfiel. Die Produktion wurde im Winter 1941 nach Tscheljabinsk verlegt, da die Gefahr bestand, dass die Fabrik von deutschen Truppen besetzt werden könnte. Die folgende Version, bekannt als KV-1 Modell 1941 (oft als KV-1B bezeichnet), wurde mit neuen Stahlplatten ausgestattet, um die maximale Dicke der Panzerung zu erhöhen. Die Panzerung lag nun bei 110 mm und das Gewicht bei 47 t. Diese Modifikation wurde eingeführt, weil man festgestellt hatte, dass der deutsche Panzer III, bewaffnet mit einer 5-cm-Kanone, die Panzerung des KV-1 durchschlagen konnte.

Im KV-1 Modell 1942 wurde versucht, einige technische Probleme zu lösen, wie z. B. die Fehlfunktion des Getriebes und das Übertragungsproblem.

Die finnische Armee eroberte zwei KV-1 und teilte sie 1942 ihren Panzereinheiten zu. Dort blieben sie bis zum Ende des Zweiten Weltkrieges im Kampfeinsatz.

Der schwere Panzer KV-1 im Einsatz bei der finnischen Armee. (SA-KUVA Fotoarchiv, Bildnummer 152132)

Finnischer Panzer KV-1 während eines Tests im September 1943. (KA-SUVA Fotoarchiv, Bildnummer 148992)

Sturmgeschütze

L 3 mit 47/32

Das italienische Heer wollte im Frühjahr 1940 ein neues gepanzertes Fahrzeug mit einer 4,7-cm-Kanone L/32 haben, mit dem die Aufklärungseinheiten der Kavallerie- und Panzerdivisionen ausgerüstet werden sollten. Das Heer wählte das Chassis des leichten Panzers L 3, das gute Leistungen in schwierigem Gelände gezeigt hatte. Das mit einer Mündungsbremse versehene Geschütz wurde auf einer Sockellafette im vorderen Teil des Fahrzeugs montiert. Der Vierzylinder-Benzin-Motor, dessen Leistung von 43 PS identisch war mit der des leichten Panzers L 3, fand im Heck Platz. Der einzige Schutz für die beiden Besatzungsmitglieder bestand in der Abschirmung der Waffe. Fertiggestellt wurde allerdings nur ein Prototyp, weil das Heer nach sorgfältiger Analyse sich dafür entschied, das Sturmgeschütz L 40 mit 47/32 zu beziehen.

Hersteller	Ansaldo Fossati-Fiat
Ursprungsbez.	Semovente L 35 da 47/32
Besatzung	2
Gefechtsgew.	4500 kg
Länge	3500 mm (inkl. Anhänger m. entzündl. Flüssigk.)
Breite	1600 mm
Höhe	1500 mm
Bodenfreiheit	250 mm
Motor	SPA, 4-Zyl.-Ottom.
Hubraum	2740 cm^3
Leistung kW/PS	31,5/43
Leistungsgew.	9,55 PS/t
Höchstgeschw.	40 km/h (Straße), 15 km/h (Gelände)
Kraftstoffvorrat	62 Liter
Fahrbereich	150 km (2 km/l), 6 Stunden (Gelände)
Bewaffnung	1 x 4,7-cm-Kanone L 32 (53 Schuss)
Schwenkber. / Elevation	li. u. re. 20° / -9° +24°
Panzerung	-
Watfähigkeit	max. 0,70 m
Überschreitfähigkeit	max. 1,45 m

Ein Prototyp des Sturmgeschützes L 3 mit 47/32.

L 40 mit 47/32

Entwicklung und Herstellung

Die erste italienische Panzerjägerwaffe war die 4,7-cm-Kanone L/32 M. 35, die von der österreichischen Firma Bohle hergestellt wurde. Verschiedene italienische Unternehmen produzierten seit 1935 diese Waffe, die das 6,5-cm-Mod.-1908-Geschütz L/17 ersetzte. Die Kanone wog 270 kg und konnte von Lastwagen und Pferden geschleppt werden. Sie schoss mit panzerbrechender Munition (1,5 kg), die in der Lage war, leichte und mittlere Panzer zu zerstören. Mit ausgebildeten Kanonieren als Bedienmannschaft konnte das Geschütz bis zu 14 Schuss pro Minute abfeuern.
Eine modifizierte Version der 4,7-cm-Kanone L/32 wurde auf das leichte Fahrgestell des L 6 montiert. Der Kampfraum dieses Sturmgeschützes war nach oben offen. Ansaldo entwickelte diese Selbstfahrlafette, die einen besseren Schutz für die Kanoniere gewährleistete. Der letzte Test wurde am 10. Mai 1941 durchgeführt. Das Kriegsministerium bestellte im Frühjahr 1941 einen ersten Teil dieser Fahrzeuge.
Um eine ausreichend große Produktion zu erhalten (ca. 2000 Exemplare), vergab das Kriegsministerium den Auftrag an SPA, weil dieses Unternehmen schon die leichten Panzerkampfwagen L 6/40 herstellte. Bis September 1943 wurden etwa 300 Exemplare gebaut und an die Einheiten der Motorisierten Divisionen und der Panzerdivisionen geliefert.

Taktischer Einsatz

Diese Fahrzeuge operierten in Nordafrika, auf dem Balkan und in Russland. Die Selbstfahrlafetten schützten mit ihren Kanonen die leichten Panzer in diversen Schlachten, aber sie wurden auch als Panzerjäger eingesetzt. Nach dem italienischen Waffenstillstand nahmen einige dieser Fahrzeuge an den Kämpfen in Rom und auf Korsika teil, hier zerstörten sie eine Reihe deutscher Fahrzeuge der 90. Division. Im September erbeuteten die deutschen Truppen etwa 78 Fahrzeuge (neuer Name: Sturmgeschütz L 40 mit 47/32 770 i) und setzten die meisten von diesen in Operationen gegen jugoslawische Partisanen ein. Weitere 74 Exemplare stellten italienische Firmen zwischen 1943 und 1944 her.

Hersteller	Ansaldo
Ursprungsbez.	Semovente da 47/32 (scafo L 40)
Besatzung	3
Gefechtsgew.	6500 kg
Länge	3820 mm
Breite	1860 mm
Höhe	1890 mm
Bodenfreiheit	400 mm
Motor	SPA 18 VT, 4-Zyl.-Ottom.
Hubraum	4053 cm^3
Leistung kW/PS	51,7/70
Leistungsgew.	10,76 PS/t
Höchstgeschw.	42 km/h (Straße), 20 km/h (Gelände)
Kraftstoffvorrat	165 Liter
Fahrbereich	200 km (1,2 km/l), 10 Stunde (Gelände)
Bewaffnung	1 x 4,7-cm-Kanone L/32 (70 Schuss), 2 x autom. Karabiner Mod. 1938 A (Kal. 9, 1480 Schuss).
Schwenkber. / Elevation	27° / -12° +20°
Panzerung	6–30 mm
Watfähigkeit	max. 1 m
Überschreitfähigkeit	max. 1,7 m
Watfähigkeit	max. 1 m
Steigfähigkeit	70%

Selbstfahrlafette L 40 mit 47/32.

L 40 mit 47/32.

Ein L 40-Panzer während des Afrika-Feldzugs.

M 40 /M 41/ M 42 mit 75/18

Entwicklung und Herstellung

Dies war die am meisten verwendete Selbstfahrlafette des italienischen Heeres während des Zweiten Weltkriegs. Ihre Konzeption war das Ergebnis einer genialen Eingebung von Oberst Bernese, der die 7,5-cm-Haubitze L/18 entworfen hatte. Bernese erklärte im Dezember 1940 den Technikern der Firma Ansaldo die Notwendigkeit eines modernen Sturmgeschützes für die italienische Armee bei ihren Kampfhandlungen in Nordafrika. Es sollte die Panzereinheiten während ihrer Bewegungen schützen.

Ansaldo komplettierte im Februar 1941 den ersten Prototyp, der keinen Turm besaß. Er wurde in der folgenden Woche in Cornigliato getestet. Seine Bewaffnung bestand aus einer 7,5-cm-Haubitze L/18 mit einem Schussbereich von 8 km und einem 8-mm-Flak-Maschinengewehr. Der Schwenkbereich betrug 40 Grad (je 20 Grad nach links und rechts) und der Höhenrichtbereich (Elevation) -12 bis +20 Grad. Die Besatzung bestand aus drei Mann (Fahrer, Kommandant/Richtschütze und Ladeschütze).

Weil das Fahrzeug die Erwartungen der Militärführung zufrieden stellte, bestellte das Heer zunächst 400 Sturmgeschütze, um sie an zwölf Gruppen mit Selbstfahrlafetten zu verteilen. Am Ende des Jahres wurde die Bestellung auf 780 Exemplare erhöht, die binnen Dezember 1942 geliefert werden sollten.

Die Haubitze wurde zuerst auf das Chassis des M 13/40 und dann auf die Panzer M 14/41 und M 15/42 montiert, die gute Leistungen in allen Geländearten gezeigt hatten. Dreierlei Sorten an Munition standen zur Verfügung. Die Waffe musste durch die neue 7,5-cm-Haubitze L/34 ersetzt werden, deren Entwicklung aber gegen Ende des Jahres 1942 noch nicht abgeschlossen war. Das Heer bestellte weitere 315 Sturmgeschütze, die auf die Fahrgestelle der M 15/42 montiert werden sollten, um die Herstellungsverzögerung des Artilleriegeschützes zu kompensieren. Die Firma produzierte nur 272 Exemplare bis zum italienischen Waffenstillstand mit den Alliierten.

Hersteller	Ansaldo
Ursprungsbez.	Semovente da 75/18 (scafo M 13/40)
Besatzung	3
Gefechtsgew.	13.100 kg
Länge	4915 mm
Breite	2280 mm
Höhe	1850 mm
Bodenfreiheit	-
Motor	SPA Typ 15 TB M42, V8-Zyl.-Diesel
Hubraum	11.980 cm³
Leistung kW/PS	91/125
Leistungsgew.	9,5 PS/t
Höchstgeschw.	32 km/h (Straße), 16 km/h (Gelände)
Kraftstoffvorrat	190 Liter
Fahrbereich	200 km (Straße: 1,05 km/l), 10 Stunden (Gelände)
Bewaffnung	1 x 7,5-cm-Kanone L/18 (44 Schuss), 1 x 8-mm-MG Breda Mod. 1938 (1104 Schuss)
Schwenkber. / Elevation	40° / -12° +22°
Panzerung	6–25 mm (+25 mm)
Watfähigkeit	max. 0,9 m
Überschreitfähigkeit	max. 2,1 m
Watfähigkeit	max. 1 m
Steigfähigkeit	40%

Taktischer Einsatz

Diese Sturmgeschütze wurden in Nordafrika, in Griechenland, auf Sizilien und Korsika, in Italien und auf dem Balkan eingesetzt; an letzterem Kriegsschauplatz nahmen sie an verschiedenen Operationen gegen die Partisanen teil. Dieses Sturmgeschütz war das einzige italienische Kampffahrzeug, das auch gegen solch starke alliierte Panzer wie den amerikanischen Sherman kämpfen konnte. Ansaldo baute von diesem Fahrzeug auch einige Versionen als Befehlspanzer.

Im September 1943 erbeutete die Wehrmacht 131 Sturmgeschütze dieses Typs, bei den allermeisten handelte es sich um das Modell M 42. Einige Sturmgeschütz- und Panzerjägereinheiten der Infanterie erhielten diese Fahrzeuge und kamen anschließend in Italien und auf dem Balkan zum Einsatz.

Sturmgeschütz mit 75/18 des italienischen Heeres, erbeutet von deutschen Truppen im September 1943 in Rom. (Bundesarchiv)

Sturmgeschütz M 42 mit 75/18, erbeutet von deutschen Truppen 1944 in Italien. (Zeichnung: Vincent Bourguignon)

Eine Zeichnung des Sturmgeschützes mit 75/18 L in Nordafrika (Sammlung O.T.O.)

Sturmgeschütz M 42 mit 75/18. (Sammlung Ansaldo)

M 41 mit 75/32

Entwicklung

Oberst Bernese entwickelte im Jahr 1937 die 7,5-cm-Kanone L/32 mit einer maximalen Reichweite von 12,5 km. Sie verfügte über ausgezeichnete Leistungsdaten und fungierte dank der hohen Geschoss-Anfangsgeschwindigkeit als Panzerabwehrkanone. Die Munition dieser Waffe bestand aus 75/32-Granaten mit drei Ladungen sowie aus 75/27-Panzersprenggranaten. Die Armee entschied sich für die Kanone des M 14/41, weil diese eine bessere Reichweite als die 7,5-cm-Haubitze L/18 hatte. Diese Kampffahrzeuge besaßen die gleiche Leistung wie das Sturmgeschütz M 41 mit 75/18. Das Unternehmen Ansaldo baute eine begrenzte Anzahl dieses Sturmgeschützes vor dem italienischen Waffenstillstand. Die produzierten Fahrzeuge wurden fast alle von deutschen Truppen erbeutet, die sie gelegentlich einsetzten. Die Wehrmacht übergab einige Exemplare an die Panzereinheiten der Italienischen Sozialrepublik.

Hersteller	Ansaldo
Ursprungsbez.	Semovente da 75/32 (scafo M 41)
Besatzung	3
Gefechtsgew.	14.500 kg
Länge	4915 mm
Breite	2280 mm
Höhe	2370 mm
Bodenfreiheit	380 mm
Motor	SPA 15T M 41, V8-Zyl.-Diesel
Hubraum	11.980 cm³
Leistung kW/PS	106/145
Leistungsgew.	10 PS/t
Höchstgeschw.	32 km/h (Straße), 16 km/h (Gelände)
Kraftstoffvorrat	190 Liter
Fahrbereich	200 km (Straße)
Bewaffnung	1 x 7,5-cm-Kanone L/32 (42 Schuss), 1 x 8-mm-MG Breda Mod. 1938
Schwenkber. / Elevation	k. A.
Panzerung	6–42 mm
Kletterfähigkeit	max. 0,8 m
Überschreitfähigkeit	max. 2 m
Watfähigkeit	max. 1 m
Steigfähigkeit	ca. 40%

Der Prototyp des Sturmgeschützes M41 mit 75/32 bei der Fabrik Ansaldo. (Sammlung Ansaldo)

M 42 mit 75/34

Hersteller	Ansaldo
Ursprungsbez.	Semovente da 75/34 (scafo M 42)
Besatzung	3
Gefechtsgew.	15.000 kg
Länge	5060 mm
Breite	2200 mm
Höhe	1850 mm
Bodenfreiheit	380 mm
Motor	SPA Tipo 15 TB, 8-Zyl.-Benzin
Hubraum	11.980 cm³
Leistung kW/PS	139/190
Leistungsgew.	12,66 PS/t
Höchstgeschw.	40 km/h (Straße), 15 km/h (Gelände)
Kraftstoffvorrat	367 Liter
Fahrbereich	200 km (Straße: 0,54 km/l), 10 Stunden (Gelände)
Bewaffnung	1 x 7,5-cm-Kanone L/34 (42 Schuss), 1 x 8-mm-MG Breda Mod. 1938
Schwenkber. / Elevation	-
Panzerung	10–50 mm
Kletterfähigkeit	max. 0,9 m
Überschreitfähigkeit	max. 2,1 m
Watfähigkeit	max. 1 m
Steigfähigkeit	40%

Entwicklung und Herstellung

Die 7,5-cm-Kanone L/34 wurde für den Einbau in Fahrzeuge entwickelt. Sie verwendete die Munition der Geschütze 7,5-cm-L/34 und 7,5-cm-L/27. Als Chassis für dieses Geschütz mussten diejenigen der Panzer M 15/42 und P 40 verwendet werden. Die Firma Ansaldo stellte im März 1943 den ersten Prototyp fertig, der hervorragende Ergebnisse bei den Tests im Frühjahr 1943 erreicht hatte. Das italienische Heer wollte diese Waffe als Panzerabwehrkanone einsetzen, weil sie bessere Leistungen als die 7,5-cm-Haubitze L/18 aufwies. Dieses Sturmgeschütz war auch mit einem 8-mm-Flak-MG Breda bewaffnet. Die italienische Armee bestellte noch 315 Selbstfahrlafetten mit 75/18, weil sich die Produktion dieses Kampffahrzeugs verzögerte. Zum Zeitpunkt des Waffenstillstandes wurde nur der Prototyp hergestellt. Das Unternehmen Ansaldo produzierte nach dem 8. September 1943 insgesamt 108 Sturmgeschütze M 41 mit 75/34 für die Wehrmacht, von denen 79 auf das Fahrgestell des M 15/42 montiert wurden und die anderen auf das Chassis des M 43. Diese Kampffahrzeuge wurden in Italien und auf dem Balkan eingesetzt.

Sturmgeschütz M 42 mit 75/34.

M 43 mit 75/46

Entwicklung

Die Firma Ansaldo baute seit dem Jahr 1934 die 7,5-cm-Flak-Kanone L/46 Modello 1934, die von der höheren Direktion des Technischen Dienstes der Artillerie (Direzione Superiore del Servizio Tecnico dell'Artiglieria) zwar verbessert worden war, aber dennoch einige Schwächen behielt, wie z. B. den schnellen Verschleiß der inneren Rohre und die schlechte Lafette. Die Reichweite beim horizontalen Beschuss lag bei 13 km und die maximale Höhe beim Feuern mit Flak betrug 8,5 km. Dieses Sturmgeschütz war das beste Flugabwehr-Gerät des italienischen Heeres in den frühen Jahren des Krieges. Das Geschütz wurde an mehreren Fronten eingesetzt, z. B. in Russland und Nordafrika, wo es seine Fähigkeit unter Beweis stellte, alliierte Panzer zerstören zu können, darunter sogar den sowjetischen T 34.

Das Heer entschied nach diesen guten Leistungen, dass diese Waffe auf einem modifizierten Fahrgestell des M 15/42 T (M 43) montiert werden sollte, um als Panzerjäger eingesetzt werden zu können. Die Firma Ansaldo stellte zur Mitte des Jahres 1943 den ersten Prototypen fertig, aber die Serienproduktion begann erst 1944. Die deutschen Techniker, die sich nach dem italienischen Waffenstillstand an der Entwicklung des Fahrzeugs beteiligten, forderten die Installierung einer Schottpanzerung (frontal eine mit 25 mm und seitlich eine mit 15 mm Dicke), um den Schutz vor Panzerabwehrhandwaffen (wie die amerikanische Bazooka oder die britische PIAT) zu verbessern. Ansaldo stellte vor dem Ende des Krieges elf Selbstfahrlafetten her, die entlang der Gotenlinie verwendet wurden.

Hersteller	Ansaldo
Ursprungsbez.	Semovente da 75/46 (scafo M 43)
Besatzung	3
Gefechtsgew.	15.700 kg
Länge	5070 mm
Breite	2400 mm
Höhe	1700 mm
Motor	SPA Tipo 15 TB m 42, V8-Zyl.-Benzin
Hubraum	-
Leistung kW/PS	139/180
Leistungsgew.	12 PS/t
Höchstgeschw.	38,4 km/h (Straße)
Kraftstoffvorrat	-
Fahrbereich	170 km (Straße)
Bewaffnung	1 x 7,5-cm-Kanone L/46 (42 Schuss), 1 x 8-mm-MG Breda Mod. 1938 (500 Schuss)
Schwenkber. / Elevation	k. A.
Panzerung	25–100 mm

Ein 75/46-Sturmgeschütz.

Sechs 75/46-Sturmgeschütze bei der Fabrik Ansaldo in Genua. (Sammlung Ansaldo)

Das 75/46-Modell M 43, Norditalien, Anfang 1945. (Zeichnung: Vincent Bourguignon)

Das 75/46-Sturmgeschütz M 43.

M 41 mit 90/53

Entwicklung und Herstellung

Gegen Ende des Jahres 1941 benötigte die italienische Armee ein hochbewegliches, großkalibriges Panzerabwehrgeschütz, weil die 4,7-cm-Kanone L 32 die sowjetischen Panzer T 34 nicht zerstören konnte. Das Heer entschied sich für die ausgezeichnete 9-cm-Flak-Kanone L/53, die auf dem Fahrgestell des P 40 montiert werden sollte. Weil jedoch dieser Panzer noch nicht zur Verfügung stand, diente das Chassis des M 14/41 als Ersatz.

An der Kanone 90/53 wurde ein Schild für den Schutz der Besatzung befestigt. Die Konstruktion erlaubte eine Schwenkung um 90 Grad und eine Elevation von -5 bis +19 Grad. Der Einsatz gegen Panzer erfolgte auf eine Distanz von weniger als 2 km. Eine Panzersprenggranate konnte eine Panzerung von 140 mm Dicke auf 500 m Entfernung durchschlagen. Diese Munition war in der Lage, jeden alliierten Panzer zu zerstören.

Das Sturmgeschütz verfügte über bis zu 72 Schuss, von denen 66 auf dem Munitionstransportfahrzeug mitgeführt wurden. Am 29. Dezember 1941 bestellte die Armee 90 Fahrzeuge der Firma Ansaldo. Am 5. März 1942 stand das erste Exemplar bereit für die Beschussprobe. Während des Tests wurde festgestellt, dass die Waffe zu schwer war. Dieser Mangel begrenzte die Leistungsfähigkeit des Kampffahrzeugs. Die italienische Armee reduzierte die erste Bestellung deshalb auf 30 Exemplare.

Hersteller	Ansaldo
Ursprungsbez.	Semovente da 90/53 (scafo M 41 modificato)
Besatzung	4
Gefechtsgew.	15.700 kg
Länge	5080 mm
Breite	2280 mm
Höhe	2300 mm
Motor	SPA Tipo 15 T M 41, V8-Zyl.-Diesel
Hubraum	11.980 cm^3
Leistung kW/PS	106/145
Leistungsgew.	9,23 PS/t
Höchstgeschw.	25 km/h (Straße), 10 km/h (Gelände)
Kraftstoffvorrat	190 Liter
Fahrbereich	150 km (Straße: 0,5 km/l), 8 Stunden (Gelände)
Bewaffnung	1 x 9-cm-Kanone L/53 (72 Schuss)
Schwenkber. / Elevation	80° / -5° +4°
Panzerung	6–30 mm

Taktischer Einsatz

Vierundzwanzig Sturmgeschütze wurden vor dem 30. April 1942 an drei Artilleriegruppen (161., 162. und 163.) ausgeliefert. Ihr Test fand auf einem Schießplatz in der Umgebung von Nettuno (Rom) statt, wo verschiedene Mängel dieser Fahrzeuge festgestellt wurden. Die übrigen sechs Sturmgeschütze kamen in der Ausbildung zum Einsatz. Die Artilleriegruppen beteiligten sich im Sommer 1943 an den Kämpfen in Sizilien, wo die Alliierten verschiedene Kampffahrzeuge zerstörten. Ein erbeutetes Exemplar überführten die Amerikaner nach dem Krieg in ein Museum in den USA (Aberdeen Proving Ground).

Sturmgeschütz mit 90/53. (Sammlung Ansaldo)

Prototyp der Selbstfahrlafette mit 90/53. (Sammlung Ansaldo)

M 43 mit 105/25

Entwicklung und Herstellung

Dies war eines der besten italienischen Kampffahrzeuge des Zweiten Weltkriegs. Das Sturmgeschütz M 43 sollte das Fahrgestell des P 40 verwenden, aber die Entwicklung dieses Fahrzeuges wurde erst im Sommer 1943 abgeschlossen. Wegen dieser Verspätung entschied sich das italienische Heer dafür, ein anderes Chassis zu benutzen. Die Firma Ansaldo schlug im Jahr 1942 die Verwendung einer vergrößerten Wannenversion des M 14/42 vor, (bekannt als M 42 L oder M 43), auf dem die 10,5-cm-Haubitze L/25 montiert werden sollte. Die Munition war sehr effizient; das Hohlladungsgeschoss wog 13,97 kg. Der Bau des ersten Prototyps begann im April 1942 und endete am 13. Januar 1943. Die Testergebnisse verliefen sehr positiv.

Im Februar 1943 wurde der Prototyp weiteren mechanischen Erprobungen in einem Testzentrum von Rom unterzogen. Auch diese fielen durchweg positiv aus. Am 25. Februar 1943 bestellte das Heer 30 Selbstfahrlafetten, die im Mai vertragsgemäß ausgeliefert wurden.

Im Juni 1943 erhöhten die Militärs ihre Bestellung auf 454 Exemplare. Das Unternehmen produzierte vor Beginn des italienischen Waffenstillstands nur noch 31 Sturmgeschütze, mit denen einige Einheiten der Panzerdivision Ariete II versorgt wurden.

Hersteller	Ansaldo
Ursprungsbez.	Semovente da 105/25 (scafo M 43)
Besatzung	3
Gefechtsgew.	15.700 kg
Länge	5070 mm
Breite	2400 mm
Höhe	1740 mm
Bodenfreiheit	-
Motor	SPA Tipo 15 TB, 8-Zyl.-Benzin
Hubraum	11.980 cm^3
Leistung kW/PS	145/192
Leistungsgew.	12 PS/t
Höchstgeschw.	38,4 km/h (Straße)
Kraftstoffvorrat	315 Liter
Fahrbereich	170–180 km (Straße: 0,5 km/l)
Bewaffnung	1 x 10,5-cm-Haubitze L/25 (48 Schuss), 1 x 8-mm-Flak-MG Breda M 1938 (864 Schuss)
Schwenkber. / Elevation	k. A.
Panzerung	15–50 mm
Watfähigkeit	max. 1 m
Überschreitfähigkeit	max. 1,7 m

Technische Beschreibung

Der Prototyp besaß viele gute Eigenschaften wie z. B. eine reduzierte Höhe (ca. 1,75 m) und einen guten Fahrbereich. Dieses turmlose Sturmgeschütz war mit maximal 50 mm dicken Panzerplatten gepanzert. Damit das Geschütz in dem Fahrzeug Platz finden konnte, war es ungefähr 2,5 Meter breit. Der M 43 verfügte über einen 8-Zylinder-Benzinmotor mit einer Leistung von 192 PS, der eine Höchstgeschwindigkeit von 35 km auf der Straße ermöglichte.

Taktischer Einsatz

Die Sturmgeschütze der Panzerdivision Ariete II nahmen an den Verteidigungskämpfen um Rom am 9. September 1943 teil. Im selben Monat erbeuteten die Deutschen 26 Exemplare dieses Sturmgeschützes. Ansaldo stellte – nach Meinung einiger italienischer Forscher – zwischen Herbst 1943 und 1944 weitere 91 Exemplare her. Die Deutschen verteilten ihre erbeuteten Fahrzeuge an die Panzerdivisionen und Sturmgeschützeinheiten der Wehrmacht und setzten sie anschließend in den Kämpfen bei Nettuno, auf dem Balkan und in Norditalien ein.

Die 10,5-cm-Haubitze L/25 montiert auf dem Panzerkörper M 42. (Sammlung Ansaldo)

Die Rückseite des Sturmgeschützes mit 105/25. (Sammlung Ansaldo)

Sturmgeschütz M 42 mit 105/25 einer unbekannten Einheit der Wehrmacht in Norditalien, Ende 1944. (Zeichnung: Vincent Bourguignon)

Das Sturmgeschütz M 43 mit 105/25.

43M Zrinyi II und 44M Zrinyi I

Entwicklung und Herstellung

Das Oberkommando der ungarischen Armee beschloss 1942, mit obersten Priorität Sturmgeschütze zu produzieren, wie es Italien und Deutschland bereits taten. Die ungarischen Konstrukteure schufen auf Basis des Turan-Panzers zwei Versionen: Zrinyi I mit einer 75 mm langen Kanone und Zrinyi II mit einer 105 mm langen Haubitze. Acht Bataillone sollten mit jeweils 30 dieser Fahrzeuge ausgerüstet werden und zur Unterstützung der Infanteriedivisionen zum Einsatz kommen.
Die Firma MÁVÁG modifizierte die mechanische 105-mm-40M-Haubitze, die auf dem ersten Prototyp des Zrinyi II von Manfréd Weisz montiert war. Der Rumpf wurde um 45 mm vergrößert, um den Einbau der Haubitze zu ermöglichen, aber die Mechanik blieb die gleiche wie beim Turan.
Der Prototyp wurde auf den Schießstand Hajmáskér in Westungarn gebracht, wo er vom 12. Dezember 1942 bis Ende Januar 1943 getestet wurde. Diese Erprobungen fielen sehr positiv aus, sodass die ungarische Regierung 104 Zrínyi II bestellte. 54 Fahrzeuge lieferte Weisz, die restlichen sollten von der Firma Ganz kommen. Nur 60 43M Zrinyi II wurden vor Juli 1944 fertiggestellt. Nach der Besetzung Ungarns durch die Wehrmacht wurde die Produktion eingestellt.
Der Zrinyi I ähnelte zwar dem Modell II, war aber mit dem Panzerabwehrgeschütz des Turan III, 7,5-cm 43M L/43, ausgerüstet. Der Prototyp wurde erst zwischen Ende 1943 und Anfang 1944 fertiggestellt. Die Firmen Ganz und Weisz sollten ab Juni 1944 die Herstellung des 44M Zrinyi I-Sturmgeschützes anlaufen lassen. Allerdings wurde mit der Produktion nie begonnen und der Prototyp nur zu Testzwecken verwendet.

Hersteller	Manfred Weisz	Manfred Weisz
Ursprungsbez.	44M Zrinyi I	40/43M Zrinyi II
Besatzung	4	4
Gefechtsgew.	22.000 kg	21.500 kg
Länge	7600 mm	5900 mm
Breite	2890 mm	2890 mm
Höhe	2200 mm	2200 mm
Bodenfreiheit	380 mm	380 mm
Motor	WM Z-Turan, wassergekühlt, 8-Zyl.-Benzin	WM Z-Turan, wassergekühlt, 8-Zyl.-Benzin
Hubraum	-	-
Leistung kW/PS	192/260	192/260
Leistungsgew.	12,09 PS/t	12,09 PS/t
Höchstgeschw.	40 km/h (Straße)	43 km/h (Straße)
Fahrbereich	220 km (mit 280 Liter)	220 km (mit 280 Liter)
Bewaffnung	1 x 7,5-cm-43M-Kanone (70 Schuss), 1 MG (500 Schuss)	1 x 10,5-cm-L/20,5-Kanone 40/43 M (52 Schuss), 1 MG (500 Schuss)
Schwenkber. / Elevation	-	- / -5° +8°
Panzerung	25–100 mm	13–75 mm
Kletterfähigkeit	800 mm (0,8 m)	800 mm (0,8 m)
Grabenüberschreitfähigkeit	2200 mm (2,2 m)	2200 mm (2,2 m)
Watfähigkeit	800 mm (0,8 m)	900 mm (0,9 m)
Steigfähigkeit	-	-

Taktischer Einsatz

Die 60 selbstfahrenden 43M Zrinyi 105 rüsteten das 1. und 10. Sturmartillerie-Bataillon aus, während die übrigen acht Bataillone mit StuG III und Hetzer ausgerüstet waren. Das erste Bataillon operierte seit April 1944 in Galizien, aber der erste richtige Kampfeinsatz fand erst am 14. Juli 1944 in Ottynia statt. Das 10. Bataillon nahm im September desselben Jahres an der Schlacht von Torda teil, in der es möglicherweise 18 sowjetische T-34-Panzer zerstörte, selber jedoch ebenfalls sechs 43M Zrinyi 105 verlor. Die übrig gebliebenen Fahrzeuge waren an mehreren anderen Gefechten beteiligt, um den Vormarsch der Roten Armee zu stoppen, die Budapest dennoch im Februar 1945 besetzte.
Heute existiert nur noch ein einziges dieser Sturmgeschütze und ist im Panzermuseum in Tubinka (Russland) ausgestellt, etwa 60 km von Moskau entfernt. Der Zrínyi II galt als das beste ungarische Kampffahrzeug des Zweiten Weltkriegs.

Ein ungarisches Stürmgeschütz 43M Zrinyi II. (Sammlung: A. de Marchi)

Finnische Panzerkolonne, darunter ein BT-42 (viertes Fahrzeug in der Kolonne). (SA-Kuva Fotoarchiv, Bildnummer 151591)

Taktischer Einsatz

Im Herbst 1943 nahm das finnische Sturmgeschütz-Bataillon in Karelien an den Militäroperationen an der Frontlinie, die der Fluss Swir bildete, gegen die Sowjets teil, wo es den Fahrzeugen gelang, verschiedene Ziele zu zerstören, darunter Feldbefestigungen und Maschinengewehrnester. Hier kamen aber auch die Mängel des Panzers zum Vorschein, insbesondere seine schlechte Stabilität (verursacht durch den hohen und schweren Turm) und seine begrenzte Fähigkeit, andere Panzerkampfwagen zu zerstören. Die 11,4-cm-Haubitze war nur langsam zu laden und schwer auf die schnellen sowjetischen Panzer auszurichten. Gleichzeitig war das eigene Profil ein einfaches Ziel für die gegnerischen Kanoniere. Deshalb wurde schließlich das Bataillon mit den modernen Sturmgeschützen StuG III ausgestattet.

Die Fahrzeuge, die nicht zerstört wurden, hat man einer autonomen gepanzerten Kompanie (*Erillinen Panssarikomppania*) zugewiesen, die an vorderster Front im Gebiet Wyborg-Petrosawodsk eingesetzt wurde, um dort der sowjetischen Offensive zu begegnen, die am 10. Juni 1944 begann. Das Fahrzeug bewies erneut seine lediglich mittelmäßige Fähigkeit als Panzerabwehrwaffe. So konnte es die Panzerung der T-34/85-Panzer nur auf kurze Distanz durchdringen. Bei den Zusammenstößen im Raum Vliipuri verlor die Kompanie mindestens sieben BT-42. Fahrzeuge, die diese Konfrontation überstanden, wurden anschließend aus dem aktiven Dienst genommen.

Ein BT-42 ist heute im Panzermuseum von Parola ausgestellt.

Maresal

Entwicklung

Die Panzerverbände der rumänischen Armee litten während des Russlandfeldzuges unter dem Mangel an effektiven Panzern. Diese Lücke verschärfte sich 1942, als die rumänischen Panzerfahrer auf die sowjetischen T-34- und KV-1-Panzer trafen. Daher schlugen die Militärbehörden die Entwicklung eines hochmobilen Kampffahrzeugs vor, das die rumänische Industrie herstellen sollte.

Neben der Umrüstung erbeuteter Panzer begann eine Forschergruppe (Major Nicolae Anghel, Hauptmann Gheorghe Sambotin, Ingenieur Constantin Ghiulai) im Dezember 1942 mit der Entwicklung eines rumänischen Panzerzerstörers, der für den Einsatz an der russischen Front geeignet war.

Rumänien verfügte über genügend erbeutetes sowjetisches Kriegsmaterial. Die Forschungsgruppe entschied sich für eine Modifikation des russischen T-60. Als Bewaffnung kamen eine 122-mm-Haubitze M1910/30 und ein 7,92-mm-Koaxial-Maschinengewehr ZB-53 russischen Ursprungs zum Einsatz. Das Fahrzeug hatte keinen Turm und die Kanone war von einer gepanzerten Kasematte aus vier bis zu 20 mm dicken Stahlplatten geschützt. Der erste Prototyp M-00 wurde in Bukarest im Werk Rogifer (ehemals Malaxa) entwickelt. Das M-00, genannt »Maresal«, wurde am 30. Juli 1943 in der Umgebung der Stadt Suditi in der Nähe von Slobozia getestet.

Die Ergebnisse der ersten Tests waren positiv, und dann wurden drei weitere Prototypen in den Rogifer-Werken fertiggestellt (M-01, M-02, M-03). Sie ähnelten dem ersten Prototyp, hatten aber einen leistungsstärkeren Motor mit 120 PS und eine bessere Panzerung. Die Besatzung war auf zwei Personen beschränkt.

Am 23. Oktober 1943 wurden die drei Prototypen in Suditi getestet, im gleichen Zeitraum wurde die hervorragende 7,5-cm-Panzerabwehrkanone DT-UDR Nr. 26 erprobt. Auf Vorschlag von Oberst Paul Draghiescu wurde sie als Ersatz für die russische Waffe zur Standard-Primärbewaffnung gewählt. Diese Modifikation wurde mit dem Prototyp M-04 eingeführt. Kurz darauf wurden der Konstrukteur Nicolae Anghel und die Betriebsleiter Rogifer nach Deutschland geschickt, um die Produktion vorzubereiten.

Rumänien kaufte 1000 Hotchkiss-Motoren in Frankreich. Der Prototyp M-04 wurde im Januar 1944 fertiggestellt; er benutzte einen 120 PS starken Hotchkiss H-39-Motor und die neue Resita M1943-Kanone, bei einem Gesamtgewicht von 10 Tonnen. Im Februar wurde das Fahrzeug zur Erprobung auf den suditischen Schießstand geschickt. Das Fahrzeug verblüffte wegen seiner Mobilität und Manövrierfähigkeit selbst die deutschen Beobachter.

Rumänien hatte die notwendigen Komponenten für die anstehende industrielle Herstellung im Ausland beschafft. Obwohl es nicht unbedingt notwendig war, bot Deutschland den Rogifer-Werken Spezialisten an und lieferte mechanische Teile, Panzerplatten, Optiken und Funkgeräte.

Im Frühjahr 1944 wurden zwei weitere Prototypen, M-05 und M-06, gebaut, die nicht den Rumpf des T-60 verwendeten. Die Tests wurden im Sommer 1944 fortgesetzt, aber der Sturz von Marschall Antonescu verhinderte einen Weiterbau dieses interessanten Fahrzeugs. Gemäß den Bedingungen des Waffenstillstands beschlagnahmten die Sowjets die restlichen Prototypen des Sturmgeschützes Maresal und alle damit verbundenen Materialien.

Hersteller	Rogifer
Ursprungsbez.	Maresal
Besatzung	3
Gefechtsgew.	ca. 9800–11.000 kg
Länge	5800 mm
Breite	2440 mm
Höhe	1540 mm
Motor	Hotchkiss H-39
Hubraum	-
Leistung kW/PS	89/120
Leistungsgew.	9,9 PS/t
Höchstgeschw.	45 km/h (Straße) 25 km/h
Fahrbereich	200 km (mit 153 Liter)
Bewaffnung	1 x 7,5-cm-Kanone DT-UDR N. 26 (44 Schuss), 1 x 7,92 mm ZB-53
Schwenkber. / Elevation	-
Panzerung	10–20 mm

TACAM R-2

Herstellung

Die rumänische Armee musste ihre Panzerausrüstung modernisieren und entwickelte daher aus dem R-2-Panzer ein selbstfahrendes leichtes Kampffahrzeug mit dem Namen TACAM R-2 (tun anticar pe afet mobil auf Rumänisch). Die Studien, die 1943 unter der Leitung von Oberstleutnant Constantin Ghiulai begonnen wurden, führten im Sommer 1943 zum Bau eines Prototyps im Werk Leonida in Bukarest, der am 24. Oktober fertig war und sofort in der Umgebung der Stadt Suditi getestet wurde.

Im Februar 1944 wurden 40 TACAM R-2 bestellt, aber nur 20 konnten zusätzlich zum Prototyp das Werk in Leonida verlassen, da viele technische Probleme auftraten. Die Testergebnisse gegen einen erbeuteten T-34 hatten die Wirksamkeit der Kanone unter Beweis gestellt. Jedoch war der Einsatz dieser Waffe schwierig und die Zielvorrichtung nicht gut genug. Das Oberkommando der Motomechanisierten Truppen beantragte daher die Einstellung der Produktion.

Hersteller	Atelierele Leonida
Ursprungsbez.	TACAM R-2
Besatzung	3
Gefechtsgew.	ca. 12.000 kg
Länge	5000 mm
Breite	2064 mm
Höhe	2320 mm
Motor	Skoda T11/0, wassergekühlt, 4-Zyl.-Benzin
Hubraum	-
Leistung kW/PS	-
Leistungsgew.	9,9 PS/t
Höchstgeschw.	25–30 km/h (Straße)
Fahrbereich	200 km (mit 153 Liter)
Bewaffnung	1 x 7,62-cm-Kanone M1942 (44 Schuss), 1 x 7,92 mm ZB-53
Schwenkber. / Elevation	-
Panzerung	15–25 mm

Technische Beschreibung

Die Bewaffnung bestand aus einer 76,2-mm-M1936 oder 76-mm-M1942-Kanone, die beide von der Roten Armee erbeutet worden waren und in einer offenen, nicht gepanzerten Konstruktion über der Wanne anstelle des Turms montiert waren. Weitere technische Änderungen wurden nicht durchgeführt. Im Inneren fanden 30 Geschosse Platz.

Das Gesamtgewicht des TACAM R-2 betrug 11.500 kg, die Reichweite auf der Straße 190 km und die Höchstgeschwindigkeit 34 km/h. Wegen des Mangels an sowjetischer Munition produzierte Rumänien seine eigenen Geschosse. Mit diesen war es möglich, einen T-34/85 auf 600 m Entfernung zu zerstören.

Taktischer Einsatz

Die einundzwanzig hergestellten Fahrzeuge wurden an das 1. Panzerregiment geliefert, wo sie eine Panzerabwehrkompanie bildeten. Diese Abteilung nahm am Kampf gegen deutsche Truppen zur Befreiung Rumäniens teil. Anschließend wurde es auf sowjetischen Befehl aufgelöst. Sechs TACAM R-2 wurden dem 2. Panzerregiment zugeteilt, welches dann an den Offensiven in Österreich und Mähren teilnahm. Nur ein TACAM R-2 überstand den Krieg.

Ein rumänisches Sturmgeschütz TACAM R-2. (Mircea87, CC-BY-SA-3.0)

TACAM T-60

Entwicklung und Herstellung

Als Hitler-Deutschland am 22. Juni 1941 in die Sowjetunion einfiel, beteiligten sich daran ab Ende des Monats auch Truppen aus dem Königreich Rumänien, um zu versuchen, Bessarabien und die nördliche Bukowina wieder zurückzuerobern, die im Sommer 1940 von der UdSSR besetzt worden waren.

Marschall Ion Antonescu setzte in diesem Feldzug auch seine Panzereinheiten ein. Bei den blutigen Zusammenstößen an der Ostfront gingen viele Fahrzeuge verloren und konnten durch die begrenzten Lieferungen aus dem Deutschen Reich, das wiederum am Wiederaufbau der zerstörten Panzereinheiten beteiligt war, nicht vollständig kompensiert werden. Antonescu schlug den rumänischen Unternehmen vor, den schweren sowjetischen Panzer T-34 nachzubauen, doch diese sahen sich außerstande, diesem Vorschlag nachzukommen. Deshalb überlegte der rumänische Generalstab, wie die italienische Armee selber Panzerjäger zu bauen, und zwar mit einem Teil des riesigen Kriegsmaterials, das man von den Sowjets erbeutet hatte. Darunter befanden sich 170 gepanzerte Fahrzeuge und zahlreiche Landgeschütze.

Nach sorgfältiger Analyse wurden die leichten T-60-Panzer ausgewählt, von denen 34 verfügbar waren. Auf der Wanne war eine gepanzerte Kasematte mit einer sowjetischen M1936-76,2-mm-Kanone mit eingeschränktem Schwenkbereich montiert. Für diese Waffe stand eine große Menge an Munition zur Verfügung. Im Fahrzeuginneren waren 44 Geschosse gelagert. Als weitere Bewaffnung gab es ein leichtes 7,92-mm-ZB-53-Maschinengewehr zur Verteidigung gegen Infanterieangriffe.

Ein weiterer Vorteil dieses Fahrzeugs war, dass es einen Motor verwendete, der eine lizenzierte Kopie des US-Modells Dodge-Derretto-Fargo FH2 war, von dem relativ leicht Ersatzteile zu finden waren. Die Panzerplatten wurden von dem sowjetischen schnellen Panzer BT-7 übernommen, der ebenfalls Kriegsbeute war.

Die Firma Leonida mit Sitz in Bukarest stellte einen Prototyp her, der im Januar 1943 geliefert wurde. Die Testergebnisse fielen positiv aus, sodass der Umbau der restlichen 33 Fahrzeuge fortgesetzt wurde. Der neue selbstfahrende Panzerjäger erhielt die Bezeichnung »Tun Anticar pe Afet Mobil T-60«, besser bekannt als TACAM T-60. Die 34 Fahrzeuge wurden im Laufe des Jahres 1943 ausgeliefert und dienten der Ausrüstung zweier Panzerabwehrkompanien. Die wiederaufgebaute Panzerdivision verfügte über zwei Panzerregimenter, denen jeweils eine Panzerabwehrkompanie zugeteilt war.

Technische Beschreibung

Nach größeren Modifikationen lag das Gewicht des Panzerkampfwagens bei 9 Tonnen. Seine Abmessungen waren in der Länge 5,51 m, in der Breite 2,35 m und in der Höhe 2,75 m. Die maximale Panzerung der Hülle betrug 25 mm, die Panzerung der Kasematte nur 15 mm. Der Sechszylinder-Motor GAZ-202 lieferte 80 PS bei 3500 U/min und sorgte für eine Geschwindigkeit von etwa 40 km/h auf der Straße. Zwei Tanks mit rund 140 Litern Fassungsvermögen ermöglichten dem TACAM T-60 eine Reichweite von 200 km auf der Straße.

Die Besatzung bestand aus drei Mann. Der Fahrer saß im vorderen Fahrzeugbereich, der Kommandant und der Bordschütze befanden sich in der offenen Kasematte und kümmerten sich gemeinsam um Munitionierung und Einsatz der M1936-Kanone.

Hersteller	Atelierele Leonida
Ursprungsbez.	TACAM T-60
Besatzung	3
Gefechtsgew.	ca. 9000 kg
Länge	5510 mm
Breite	2350 mm
Höhe	1750 mm
Motor	Typ Gaz 202, wassergekühlt, 6-Zyl.-Benzin
Hubraum	7913 cm³
Leistung kW/PS	60/82
Leistungsgew.	8,8 PS/t
Höchstgeschw.	40 km/h (Straße)
Fahrbereich	200 km (mit 280 Liter)
Bewaffnung	1 x 7,62-cm-Kanone F-22 K/51 (44 Schuss), 1 x 7,92 mm ZB-53
Schwenkber. / Elevation	32° / -5° +8°
Panzerung	15–25 mm
Kletterfähigkeit	500 mm (0,6 m)
Grabenüberschreitfähigkeit	1300 mm (1,3 m)
Watfähigkeit	600 mm (0,6 m)
Steigfähigkeit	32 %

Taktischer Einsatz

Im Jahr 1944 wurde die rumänische Panzerdivision zusammen mit den deutschen Streitkräften in Bessarabien und Moldawien in dem verzweifelten Versuch eingesetzt, die sowjetische Offensive einzudämmen. Rumänien unterzeichnete den Waffenstillstand mit der UdSSR am 12. September 1944. Alle Fahrzeuge, die noch nicht zerstört waren, wurden von den Sowjets übernommen.

Militärparade mit rumänischem Sturmgeschütz TACAM T-60. (Sammlung: A. de Marchi)

ISU-152

Entwicklung und Herstellung

Während des Zweiten Weltkrieges, im Jahr 1943, produzierte die Sowjetunion die Selbstfahrlafette SU-152, für die sie das Fahrgestell des schweren KW-Panzers verwendete, von dem die finnische Armee mehrere Exemplare wieder in Dienst gestellt hatte. Die 1943 begonnene Entwicklung des Sturmgeschützes ISU-152 unter Verwendung der Wanne des Panzers IS-2 wurde von den beiden Ingenieuren Žozef Jakovlevic Kotin und G. N. Moskvin überwacht. Der erste Prototyp wurde im Herbst 1943 verschiedenen Tests unterzogen, die sehr positiv ausfielen. Bereits nach kurzer Zeit lief in den Werken TschKS und LKS die Serienfertigung an. Der Bau wurde über den Zweiten Weltkrieg hinaus fortgesetzt. Mindestens zwei Jahrzehnte lang blieb das Sturmgeschütz bei der Roten Armee im Dienst.

Technische Beschreibung

Die neue Selbstfahrlafette, die der SU-152 sehr ähnlich war, verfügte über eine 152-mm-Haubitze ML-20S (Panzerversion der ML 20), die in einer Kasematte platziert war. Der Fahrzeugrumpf wurde in zwei verschiedene Bereiche unterteilt: Der V-21S-Dieselmotor und das Getriebe befanden sich im hinteren Bereich, während im vorderen Teil die fünf Besatzungsmitglieder untergebracht waren. Das Sturmgeschütz verfügte über einen Munitionsvorrat von 20 Schuss (aufgeteilt in hochexplosive und panzerbrechende Munition).

Taktischer Einsatz

ISU-152 wurde in erster Linie als selbstfahrendes schweres Sturmgeschütz eingesetzt, um den Panzer- und Infanterieabteilungen die notwendige Feuerunterstützung gewährleisten zu können. Es konnte gleichermaßen als Panzerjäger gegen die schweren Panzer der Wehrmacht wie auch als

Panzerhaubitze zur Abgabe von indirektem Feuer eingesetzt werden. Im ersteren Fall verwendete die Panzerbesatzung das Geschoss OF-640, das zur Zerstörung von Befestigungen und anderen festen Zielen gedacht war. Das Sturmgeschütz kam auch bei Kämpfen in Städten zum Einsatz. Daher war es immer von einer Gruppe Infanteristen begleitet, zu deren Ausrüstung automatische Waffen gehörten. Dies verringerte das Risiko für die Sturmgeschütze, von feindlichen Panzerabwehrwaffen angegriffen und vernichtet zu werden. Zugeteilt wurden diese Fahrzeuge selbstständigen schweren Selbstfahr-Artillerieregimentern. Diese hatten ein Sturmgeschütz für den Regimentskommandanten und vier Batterien mit je fünf ISU-152-Sturmgeschützen. Diese Fahrzeuge nahmen bis zum Kriegsende an allen Schlachten der Roten Armee teil.

Hersteller	k.
Ursprungsbez.	ISU-152
Besatzung	5
Gefechtsgewicht	45.000 kg (45 t)
Länge	9050/9180 mm (9,05/9,18 m)
Breite	3070 mm
Höhe	2480 mm
Motor	W-21S, V-12-Diesel mit Wasserkühlung,
Hubraum	38.880 cm³
Leistung kW/PS	388/520
Leistungsgewicht	11,3 PS/t
Höchstgeschwindigkeit	37 km/h (Straße) / 19 km/h (Gelände)
Kraftstoffvorrat	k. A.
Fahrbereich	180 km
Bewaffnung	1 x 15,2-cm-Haubitze ML-20S (20 Schuss), 1 x 12,7 mm-Flak-MG DSchk
Schwenkber./Elevation	k. A.
Panzerung	90–120 mm

Eines der beiden Sturmgeschütze ISU-152, welche die finnische Armee erbeuten konnte. (SA-KUVA Fotoarchiv, Bildnummer 152190)

Die finnische Armee verlor einen ISU-152 im Sommer 1944 während der sowjetischen Offensive. (SA-KUVA Fotoarchiv, Bildnummer 161989)

Befehlswagen

Befehlswagen für Sturmgeschütz 47/32

Entwicklung

Während des Krieges wurden drei Varianten dieses Selbstfahrlafette-Befehlswagens entwickelt. Die ersten beiden Varianten, bekannt als L 40 Semovente Comando Plotone, kamen als Befehlswagen für die Sturmgeschütz-Abteilungen zum Einsatz. Die erste Version ähnelte sehr dem Sturmgeschütz mit 47/32, wurde aber zusätzlich mit der Funkeinrichtung RF 1 CA ausgestattet. Die zweite Variante besaß einen modifizierten Turm, jedoch keine Seiteneingangstür. Ihre Munition wurde auf 49 Schuss reduziert.
Die dritte Version, bezeichnet als »L 40 Carro comando compagnia per semoventi da 47/32«, diente als Befehlswagen für die Selbstfahrlafette-Kompanie. Sie hatte zwei Funkgeräte an Bord (ein RF 1 CA und ein RF 2 CA) und als Bewaffnung ein 8-mm-MG Breda Modell 1938. Dieses Maschinengewehr wurde als Kanone maskiert. Auch bei dieser Version war der Turm modifiziert.

Hersteller	Ansaldo-Fiat
Ursprungsbez.	L 40 Carro comando compagnia per semoventi da 47/32
Besatzung	3
Gefechtsgew.	6840 kg
Länge	3820 mm
Breite	1860 mm
Höhe	1890 mm
Bodenfreiheit	400 mm
Motor	Spa 18 VT, 4-Zyl.-Ottom.
Hubraum	4053 cm^3
Leistung kW/PS	51/70
Leistungsgew.	10,23 PS/t
Höchstgeschw.	42 km/h (Straße), 20 km/h
Kraftstoffvorrat	165 Liter
Fahrbereich	200 km (Straße: 1,2 km/l), 10 Stunden (Gelände)
Bewaffnung	1 x 8-mm-MG Breda Modell 1938 (1608 Schuss)
Schwenkber. / Elevation	-
Panzerung	6–30 mm
Kletterfähigkeit	max. 1 m
Grabenüberschreitfähigkeit	max. 1,7 m
Watfähigkeit	max. 1 m
Steigfähigkeit	ca. 65–70%

Befehlswagen für Sturmgeschütz mit 47/32.

Befehlswagen für Sturmgeschütz 75/18 (auf Chassis M 40)

Hersteller	Ansaldo
Ursprungsbez.	Carro comando per reparti semoventi da 75/18 (su scafo M 40)
Besatzung	4
Gefechtsgew.	12.500 kg
Länge	4915 mm
Breite	2280 mm
Höhe	1815 mm
Bodenfreiheit	380 mm
Motor	SPA Typ 8 T, V8-Zyl.-Diesel
Hubraum	k. A.
Leistung kW/PS	91,6/125
Leistungsgew.	10 PS/t
Höchstgeschw.	30 km/h (Straße)
Kraftstoffvorrat	180 Liter
Fahrbereich	210 km (Straße: 1,16 km/l), 10 Stunden (Gelände)
Bewaffnung	2 x 8-mm-MG Breda Modell 1938 (1560 Schuss)
Schwenkber. / Elevation	-13° +13° / -10° +20°
Panzerung	6–30 mm
Kletterfähigkeit	max. 0,8 m
Grabenüberschreitfähigkeit	max. 2 m
Watfähigkeit	max. 1 m
Steigfähigkeit	ca. 40%

Der Panzerbefehlswagen für das Sturmgeschütz mit 75/18 stammte aus dem Panzer M 13/40. Er besaß keinen Drehturm und die Positionierung der Besatzung im Kampfraum war neu geregelt: der Panzerfahrer befand sich auf der linken und der Maschinengewehrschütze auf der rechten Seite – dabei saßen beide auf verschiebbaren Sitzen –, der Kommandant und der Schussbeobachter nahmen auf den zwei festen Rücksitzen Platz. Das Dach des Kampfraumes besaß eine große Öffnung und konnte mit vier nach außen öffnenden Luken geschlossen werden. Auf der linken Seite war der Träger des Periskops platziert. Die Bewaffnung des Fahrzeugs bestand aus zwei 8-mm-Maschinengewehren mit 1560 Schuss. An Bord befanden sich zwei Funkgeräte (ein RF 1 und RF 2 CA) sowie eine Leuchtpistole des Typs Very mit 45 Schuss. Während des Krieges wurden 30 Exemplare dieser Version hergestellt.

Befehlswagen für Sturmgeschütz mit 75/18 (auf Chassis M 40).

Befehlswagen für Sturmgeschütz 75/18 (auf Chassis M 41)

Diese Version, die das Fahrgestell des M 41 verwendete, war auf der Vorderseite mit einem 13,2-mm-Breda-Maschinengewehr bewaffnet. Das Richten erfolgte mit Hilfe eines Fernrohr-Kollimators, der an das Maschinengewehr gekoppelt war. Im Kampfraum stand ein 8-mm-Maschinengewehr der Marke Breda. Ansaldo produzierte 49 Exemplare, 15 davon gingen an die Artillerie-Gruppen, die über die Selbstfahrlafetten 90/53 verfügten. Die Panzerung des Panzerbefehlswagens war ziemlich effektiv, aber die Fahrzeugvorderseite wurde zusätzlich noch mit Sandsäcken geschützt – auf Ratschlag der Panzerfahrer des Bataillons »Carri M«. Diese Kampffahrzeuge waren bei der Mannschaft nicht sehr beliebt, weil sie leicht erkennbar und schlecht bewaffnet waren.

Hersteller	Ansaldo
Ursprungsbez.	Carro comando per reparti semoventi da 75/18 (su scafo M 41)
Besatzung	4
Gefechtsgew.	12.500 kg
Länge	4915 mm
Breite	2280 mm
Höhe	1815 mm
Bodenfreiheit	-
Motor	SPA Tipo 15 TB, 8-Zyl.-Diesel
Hubraum	k. A.
Leistung kW/PS	106/145
Leistungsgew.	11,5 PS/t, 0,8 kg/cm^2
Höchstgeschw.	32 km/h (Straße)
Kraftstoffvorrat	180 Liter
Fahrbereich	210 km (Straße: 1,16 km/l), 10 Stunden (Gelände)
Bewaffnung	1 x 13,2-mm-MG Breda (420 Schuss), 1 x 8-mm-MG Breda (504 Schuss)
Schwenkber. / Elevation	-13° +13° / -8° +20°
Panzerung	6–30 mm
Kletterfähigkeit	max. 0,8 m
Grabenüberschreitfähigkeit	max. 2 m
Watfähigkeit	max. 1 m
Steigfähigkeit	ca. 40%

Befehlswagen für Sturmgeschütz mit 75/18.

Befehlswagen M 42 für Sturmgeschütz / Fliegerleitpanzer M 42

Der letzte Typ des Panzerbefehlswagens verwendete das Chassis des M 42. Das italienische Heer bestellte 132 Exemplare, von denen 19 noch vor dem 30. April 1943 ausgeliefert wurden. Auf dieses Fahrgestell wurde auch der Fliegerleitpanzer M 42, bekannt als Carro comando per l'aero-cooperazione, gebaut. In diesem Fahrzeug befanden sich zwei Funkgeräte (ein RF 1 und ein RF CA 3 M2). Damit war es dem Panzerfahrzeug möglich, Kontakt mit in der Luft befindlichen Flugzeugen aufzunehmen.
Die Bewaffnung des Befehlswagens war identisch mit der des Vorgängermodells, lediglich die Anzahl der Munition war verringert. Deutsche Truppen erbeuteten im September 1943 16 Panzerbefehlswagen M 41 und M 42, die jeweils umbenannt wurden in »Panzerbefehlswagen M 41 (771) (i)« und »M 42 (772) (i)«. Möglicherweise hatten die Deutschen auch einige Fliegerleitpanzer M 42 beschlagnahmt. Die Firma Ansaldo produzierte zwischen Herbst 1943 und 1945 weitere 41 Panzerbefehlswagen M 42 für die Wehrmacht.

Befehlswagen M 42.

Hersteller	Ansaldo
Ursprungsbez.	Carro comando per semoventi (su scafo M 42)
Besatzung	4
Gefechtsgew.	12.500 kg
Länge	5045 mm
Breite	2230 mm
Höhe	1815 mm
Bodenfreiheit	-
Motor	SPA Tipo 15 TB, V8-Zyl.-Benzin
Hubraum	k. A.
Leistung kW/PS	140/192
Leistungsgew.	15,35 PS/t, 0,8 kg/cm^2
Höchstgeschw.	38,4 km/h (Straße)
Kraftstoffvorrat	338 Liter
Fahrbereich	150 km (Straße: 0,44 km/l), 10 Stunden (Gelände)
Bewaffnung	1 x 13,2-mm-MG Breda (324 Schuss), 1 x 8-mm-MG Breda (500 Schuss)
Schwenkber. / Elevation	-13° +13° / -8° +20°
Panzerung	15–75 mm
Kletterfähigkeit	max. 0,8 m
Grabenüberschreitfähigkeit	max. 2 m
Watfähigkeit	max. 1 m
Steigfähigkeit	ca. 40%

Der Carro comando wurde den Semonte-Einheiten als Befehlswagen zugeteilt. (Zeichnung: Vincent Bourguignon)

Befehlsspähwagen 39/40 M Csaba páncélgépkocsi parancsnoki

Entwicklung

In den frühen 1930er Jahren entwarf der ungarische Ingenieur Nicholas Straussler zusammen mit der britischen Firma Alvis Ltd. die Panzerspähwagen AC-2 und AC-3, deren Originalität in dem unabhängig gefederten Allradantrieb und der Lenkung lag. Diese Fahrzeuge wurden für den Geländeeinsatz entwickelt. Bereits 1938 begann die ungarische Firma Manfréd Weisz die Entwicklung einer eigenen Version des AC 3, die den Namen 39M Csaba H-1 trug, und des Befehlsspähwagens 39/40M Csaba páncélgépkocsi parancsnoki. Der erste Auftrag für beide Varianten ging über 58 Exemplare, aber die Anzahl der Befehlsspähwagen ist nicht bekannt. Diese Version unterschied sich vom Panzerwagen Csaba dadurch, dass sie eine große Chassisantenne hatte, die auf vier Stützen oberhalb der Karosserie montiert war, die wahrscheinlich mit den Stationen R/4 und R/5 verbunden war. Der Turm war kleiner als gewöhnlich. Seine Bewaffnung bestand aus einem schweren 8-mm-MG 34/37 und einem leichten 8-mm-Maschinengewehr 31M.

Hersteller	Manfréd Weisz
Ursprungsbez.	39/40M Csaba
Besatzung	4
Gefechtsgew.	5950 kg
Länge	4520 mm
Breite	2100 mm
Höhe	2270 mm
Bodenfreiheit	330 mm
Motor	Deutscher Ford 8 Zylinder, 87 PS
Hubraum	3613 cm^3
Leistung kW/PS	44/60
Leistungsgew.	14 PS/t
Höchstgeschw.	68 km/h (Straße)
Kraftstoffvorrat	135 Liter
Fahrbereich	150 km (Straße, 1,20 km/l)
Bewaffnung	1 × 2-cm-36M Panzerbüchse, 1 x 8-mm-MG-34/37 M, 1 × 8-mm-MG-34/37A M
Schwenkber. / Elevation	k. A.
Panzerung	9–13 mm
Kletterfähigkeit	-
Grabenüberschreitfähigkeit	max. 0,7 m
Watfähigkeit	max. 0,7 m
Steigfähigkeit	-

Panzerspähwagen

Polizei-Panzerwagen Fiat 611

Entwicklung und Herstellung

Das Unternehmen Ansaldo verwendete das Chassis des LKW Fiat 611 C (ein Dreiachser), der in ein paar Dutzend Exemplaren für das italienische Heer produziert wurde, um 1932 dieses gepanzerte Fahrzeug zu entwickeln. Die Landespolizei (Corpo Guardie di Pubblica Sicurezza) bestellte im Jahr 1933 zehn Exemplare, die in zwei Serien unterteilt wurden. Die Bewaffnung der fünf Fahrzeuge bestand aus drei Breda-Maschinengewehren Modell 1930, von denen zwei im Drehturm montiert waren. Die dritte Waffe wurde im Heck des Panzerwagens installiert. Die anderen Fahrzeuge besaßen jeweils am Turm eine 3,7-cm-Kanone L/40. Zwei Breda-MG wurden an der Rückseite des Wagens installiert. Das Besondere an diesem Fahrzeug war sein Zweifach-Cockpit (mit zwei Steuerungen an der Vorder- und Rückseite), das dem Fahrer den Rückwärtsgang ersparte. Das Zweifach-Cockpit wurde beim Panzerspähwagen AB 40 und AB 41 beibehalten.

Taktischer Einsatz

Im Jahr 1932 nahmen die Fahrzeuge nur an der traditionellen Parade der Staatspolizei teil, die jeweils am 18. Oktober abgehalten wurde. Die Armee requirierte im April 1935 fünf Panzerwagen, die mit Gewehren bewaffnet waren. Die Fahrzeuge wurden demontiert und nach Somalia geschickt, wo sie wieder zusammengesetzt und an die erste autonome Panzerwagen-Einheit verteilt wurden. Auch der zweite Fiat 611 wurde am 29. März 1936 nach Somalia überführt. Die Panzerwagen Fiat 611 waren an der Invasion Äthiopiens beteiligt, eigneten sich aber aufgrund ihres Gewichts nicht für den dortigen Boden. Zudem wiesen sie weitere Mängel auf wie etwa eine zu geringe Geschwindigkeit und schlechte Manövriereigenschaften. Die Fiat-611-Panzerwagen blieben in Ostafrika, wo sie im Zweiten Weltkrieg an der Eroberung Britisch Somalias sowie der Verteidigung der italienischen Kolonien teilnahmen, obwohl ihr militärischer Wert gering war.

Hersteller	Fiat-Ansaldo
Ursprungsbez.	Fiat 611
Besatzung	4
Gefechtsgew.	6900 kg
Länge	5600 mm
Breite	2000 mm
Höhe	2560 mm
Motor	Fiat 122 B, 4-Zyl.-Ottom.
Hubraum	2516 cm^3
Leistung kW/PS	41/56
Leistungsgew.	8,1 PS/t
Höchstgeschw.	28 km/h (Straße), 9 km/h (Gelände)
Kraftstoffvorrat	k. A.
Fahrbereich	280 km (Straße)
Bewaffnung	1 x 3,7-cm-Kanone Vickers Terni L/40, 2 x 6,5-mm-MG Breda Modell 1930
Schwenkber. / Elevation	360° Turm
Panzerung	6–15 mm

Ein Polizei-Panzerwagen Fiat 611, bewaffnet mit drei MG Breda, auf dem Fabrikgelände Ansaldo Fossati. (Sammlung Ansaldo Platte 41/448).

Zehn Panzerwagen Fiat 611. (Sammlung Ansaldo Platte 41/512)

TACAM T-60

Entwicklung und Produktion

Anfang der 1930er Jahre arbeitete der Ingenieur Nicholas Straussler (1891–1966) mit den Firmen Alvis Cars, Vickers-Armstrong und einigen ungarischen Metallindustriebetrieben an der Entwicklung innovativer Militärfahrzeuge, einschließlich des Csaba, der eines der ersten Fahrzeuge dieser Kategorie war, das sich im Gelände bewegen konnte.
Im September 1933 unterzeichnete der ungarische Ingenieur einen Vertrag mit der Fabrik Manfréd Weisz in Csepel. Der erste Prototyp, bekannt als AC 1, wurde mit seinen mechanischen Teilen und einem Blechkarosserie-Imitat ausgestattet. Das Fahrzeug wurde 1933 vom britischen Kriegsministerium für eine Reihe von Tests verwendet, die möglicherweise in Ungarn selbst durchgeführt wurden.
Zwei Jahre später fertigte Manfréd Weisz ein verbessertes Modell, den AC 2, der mit einem neuen Kühler am Heck ausgestattet war, aber mit dem gleichen Motor und dem Blechkarosserie-Imitat. Alvis Limited mit Sitz in Coventry montierte eine Panzerkarosserie mit Turm am Fahrzeug. Der Prototyp wurde von der Royal Air Force im Mittleren Osten einem Bewertungstest unterzogen.
Im Juli 1936 gründeten Straussler Mechanisation Limited und Alvis eine neue Firma, Alvis-Straussler. Ein Jahr später baute sie den dritten Prototyp AC 3 mit einem Alvis-Motor (4,3 Liter, 6-Zylinder). Dieser besaß die gleiche Geländegängigkeit und einen Doppelantrieb wie der AC 2. Insgesamt wurden 53 gepanzerte Fahrzeuge hergestellt. Die meisten von ihnen wurden an Portugal, die Ostindische Armee und die R.A.F. verkauft.
Die Manfréd-Weisz-Werke fertigten das Chassis, während die Endmontage (einschließlich der Installation der Motoren, der Bewaffnung und der Panzerung) in den Alvis-Straussler-Werkstätten durchgeführt wurde.

Beschreibung

Der allradgetriebene Panzerwagen besaß zwei Fahrstände. Wenn sich das Fahrzeug auf der Straße bewegte, befanden sich die Lenkräder auf der Vorderseite und die Antriebsräder auf der Rückseite.
Er war mit einem 90 PS starken Ford V8-Motor ausgestattet, der eine Höchstgeschwindigkeit von 65 km/h auf der Straße gewährleistete.
In den Turm wurden ein 8-mm-Maschinengewehr 34/37M (tschechisches Modell Brno ZB30), bandgeführt und luftgekühlt, und eine 2-cm-36M-Panzerbüchse, eine halbautomatische Solothurner-Büchse, eingebaut. Deren Feuerrate betrug 15–20 Schuss pro Minute. Beide Waffen wurden in Lizenz hergestellt.

Hersteller	Manfréd Weisz
Ursprungsbez.	39/40M Csaba
Besatzung	4
Gefechtsgew.	5950 kg
Länge	4520 mm
Breite	2100 mm
Höhe	2270 mm
Bodenfreiheit	330 mm
Motor	Deutscher Ford 8-Zylinder, 87 PS
Hubraum	3613 cm^3
Leistung kW/PS	44/60
Leistungsgew.	14 PS/t
Höchstgeschw.	68 km/h (Straße)
Kraftstoffvorrat	135 Liter
Fahrbereich	150 km (Straße, 1,20 km/l)
Bewaffnung	1 × 2-cm-36M Panzerbüchse, 1 x 8-mm-MG-34/37 M, 1 × 8-mm-MG-34/37 M
Schwenkber. / Elevation	k. A.
Panzerung	9–13 mm
Kletterfähigkeit	-
Überschreitfähigkeit	max. 0,7 m
Watfähigkeit	max. 0,7 m
Steigfähigkeit	-

Details der Heckseite des 39M Csaba. (Fortepan/Ludovika, CC-BY-SA-3.0)

Zwei ungarische Panzerfahrzeuge 39M Csaba. (Csorba Dániel, CC-BY-SA-3.0)

Taktischer Einsatz

Im Sommer 1940 wurden die ersten Panzerspähwagen Csaba der ungarischen Armee in Dienst gestellt. Mindestens einer von ihnen war im September an der Besetzung Siebenbürgens beteiligt. Die 1. und 2. motorisierte Brigade, die 1. und 2. Kavalleriebrigade hatten jeweils eine Kompanie (mit je 10 Fahrzeugen). Diese Einheiten nahmen an der Invasion Jugoslawiens im April 1941 teil, wo es gelegentlich zu bewaffneten Auseinandersetzungen kam.

Die beiden motorisierten Brigaden und die 1. Kavalleriebrigade waren auch an der Invasion Russlands beteiligt. Hier eigneten sie sich gut zur Aufklärung, waren aber technisch zu empfindlich. Bis zu 17 der 57 in diesen Abteilungen eingesetzten Fahrzeuge mussten nach ihrer Rückkehr nach Ungarn komplett überholt werden.

Die 1. Gepanzerte Division war mit einer Kompanie aus 18 Csaba-Spähwagen zudem bei der Schlacht in Stalingrad dabei. Hier gingen alle Fahrzeuge im Januar 1943 während des Rückzugs im Dongebiet verloren. Als Folge dieser Katastrophe wurden zwei neue gepanzerte Divisionen und eine Kavalleriedivision mit je einer Kompanie von 18 Csaba-Fahrzeugen aufgestellt. Von April bis Juli 1944 operierte die 2. gepanzerte Division in Ostgalizien mit 13 Csaba, wo sich die Verluste in Grenzen hielten. Ebenfalls in diesem Gebiet mit dabei waren vier Infanteriedivisionen, jede mit einem Zug aus 5 Csaba-Spähwagen.

Im Juni 1944 besaß die Kavalleriedivision in Polen zwei Csaba-Kompanien mit insgesamt 23 Fahrzeugen. Nach drei Monaten blutiger Kämpfe kehrte diese Einheit mit nur noch 6 Spähwagen nach Ungarn zurück.

Ab September 1944 stellten sich die beiden gepanzerten Divisionen und die Kavalleriedivision, die jeweils über eine Csaba-Kompanie verfügten, gemeinsam mit einigen anderen großen Einheiten dem Vormarsch sowjetischer und rumänischer Truppen nach Ungarn entgegen. Die Csaba waren bis zum Ende der Feindseligkeiten weiter im Einsatz.

Laffly S 15 TOE

Herstellung und taktischer Einsatz

Die französische Firma Laffly entwickelte im Jahr 1934 den Panzerwagen S 15 TOE (Théâtre d'Opération Extérieur), der 1935 in Nordafrika getestet wurde. In den folgenden Jahren wurden 45 Exemplare bestellt, die 1939 an die motorisierten französischen Einheiten in Nordafrika geliefert wurden. Das Fahrzeug konnte als Mannschaftstransportwagen verwendet werden. Nach dem Waffenstillstand zwischen Italien und Frankreich im Juni 1940 beschlagnahmte die italienische Armee vier Panzerwagen Laffly S 15 TOE in Tunesien und verlegte sie nach Tripolis. Ihre Bewaffnung beinhaltete ein 7,5-mm-Maschinengewehr Reibel, das in einem Drehturm oder einer einfachen Freiluftmontage installiert war.

Die Werkstätten der 12. Autoraggruppamento überholten diese bewaffneten Fahrzeuge. Die hohe Kuppel wurde entfernt, um die Installation eines 8-mm-Maschinengewehrs Marke Breda zu ermöglichen. Ein 12,7-mm-Breda-Safat wurde jeweils an der Rückseite der Fahrzeuge installiert. Im Herbst 1941 nahmen sie an den Kämpfen in Libyen teil. Laut eines Berichts vom 27. Mai 1942 kamen die vier Panzer allerdings nicht mehr an der Front zum Einsatz.

Hersteller	Laffly
Ursprungsbez.	Laffly S 15 TOE
Besatzung	3–4
Gefechtsgew.	5000 kg
Länge	4550 mm
Breite	1850 mm
Höhe	2450 mm
Motor	Hotchkiss, 4-Zyl.-Ottom.
Hubraum	2300 cm^3
Leistung kW/PS	44/60
Leistungsgew.	14 PS/t
Höchstgeschw.	68 km/h (Straße)
Kraftstoffvorrat	120 Liter
Fahrbereich	330 km (Straße, 2,75 km/l)
Bewaffnung	1 x 7,5-mm-MG Reibel (2250 Schuss)
Schwenkber. / Elevation	k. A.
Panzerung	7–8 mm

Ein italienischer Panzerspähwagen Laffly S 15 TOE in Nordafrika. (Sammlung Benvenuti)

Laffly S 15 R. (Foto: © CC-BY-SA 3.0)

Morris CS 9 / LAC

Herstellung und taktischer Einsatz

Der britische Panzerspähwagen Morris benutzte das Chassis des 4 x 2 Lastwagens 15 Zentner, auf dem ein Zwei-Mann-Drehturm mit offener Luke installiert wurde. Die gepanzerten Platten wurden mit Nieten verbunden. Die Bewaffnung bestand aus einem Panzerabwehr-MG (0,55 Zoll »Boys Anti-tank Rifle«), einem leichten Bren-Maschinengewehr und einem Nebelwerfer (zwischen den beiden Waffen). Beim Funksystem des Spähwagens handelte es sich um den Typ Nr. 19. Im Jahr 1936 wurden der Prototyp getestet und anschließend weitere 99 Exemplare bestellt. Die ersten Auslieferungen begannen 1938. Die 12. Royal Lancers verwendete 38 Morris CS 9 im Frankreichfeldzug, in dem alle Fahrzeuge vernichtet oder aufgegeben wurden. Weitere 30 Panzerwagen kamen beim 11. Husaren-Regiment in den nordafrikanischen Feldzügen zum Einsatz. Mit aufgezogenen Wüstenreifen waren die Wagen im weichen Sand durchweg leistungsfähig. Die italienische Armee beschlagnahmte einige dieser Fahrzeuge.

Ab 1941 begann man, Panzerspähwagen von den Kriegsfronten abzuziehen, weil sie unzureichend bewaffnet und schlecht gepanzert waren.

Hersteller	Morris
Ursprungsbez.	Morris CS 9 / LAC
Besatzung	4
Gefechtsgew.	4500 kg
Länge	4770 mm
Breite	2050 mm
Höhe	2130 mm
Motor	Morris, 6-Zyl.-Ottom.
Hubraum	-
Leistung kW/PS	72/96
Leistungsgew.	21,3 PS/t
Höchstgeschw.	73 km/h (Straße)
Kraftstoffvorrat	k. A.
Fahrbereich	385 km
Bewaffnung	1 x 0,55-Zoll-Panzerabwehr-MG (»Boys Anti-tank Rifle«), 1 x 7,7-mm-(0,303 Zoll) Bren-MG, 1 x Nebelwerfer.
Schwenkber. / Elevation	k. A.
Panzerung	7 mm

Panzerspähwagen Morris CS 9. (PD)

AB 40 / AB 41

Entwicklung und Herstellung

Nach dem Krieg in Äthiopien (damals Abessinien) 1935–1936 erkannte das italienische Heer, dass die Panzerwagen Fiat 611 und Lancia 1 Z ersetzt werden mussten. In den afrikanischen Kolonien benötigte man einen modernen Panzerwagen für die Polizei PAI (Polizia dell'Africa Italiana), der in jedem Gelände fahren konnte. Seit 1938 arbeiteten die Unternehmen Ansaldo und SPA gemeinsam an der Entwicklung von Prototypen des neuen Panzerspähwagens Autoblindo 40 (AB 40), der mit drei Maschinengewehren des Typs Breda 8 mm bewaffnet war. Zwei der Maschinengewehre wurden in einem Ein-Mann-Drehturm montiert, die andere Waffe im Heck des Fahrzeugs. Die Ingenieure verwendeten die 4-x-4-Artilleriezugmaschine FIAT-SPA TM 40 als Basis des neuen Spähwagens. Ein Merkmal des Fahrzeugs waren die beiden Ersatzräder, die seitlich in der Mitte platziert wurden. Die beiden Unternehmen produzierten 1940 nur eine limitierte Anzahl von AB 40, weil das Heer sich dafür entschied, eine neue Version mit besserer Bewaffnung entwickeln zu lassen, die AB 41 genannt wurde.

Diese Version erhielt den gleichen Ein-Mann-Drehturm des leichten Panzerwagens L 6/40, der mit einer 2-cm-Kanone L/65 Breda und einem koaxialen 8-mm-Maschinengewehr Breda Modell 1938 (luftgekühlt) ausgerüstet war. Mit der Installation dieses Turms erhöhte sich das Gewicht von 6,8 auf 7,5 t. Einige Spähwagen hatten auch ein Flak-MG in Turm. In den Panzerwagen AB 41 wurde ein kräftigerer Motor eingebaut, um die Gewichtszunahme zu kompensieren. Viele AB 40 wurden auf die neue Version umgerüstet. Dank eines speziellen Umrüstsatzes konnten diese Spähwagen zudem auf Schienen fahren. Zum Einsatz kamen sie vor allem in Jugoslawien während der Operationen gegen die Partisanen. Bis Mai 1943 wurden 740 Panzerwagen AB 40 und AB 41 an das italienische Heer geliefert, sodass die Kavallerie-Einheiten und mehrere Bersagliere-Bataillone mit ihnen ausgestattet werden konnten. Diese bewährten Fahrzeuge wurden mit großem Erfolg an mehreren Fronten (Afrika, Russland und dem Balkan) eingesetzt, obwohl sie diverse Mängel aufwiesen, z. B. eine hohe Silhouette, eine zu leichte Panzerung, fehlender Zugang zum Motor, usw.

Nach dem italienischen Waffenstillstand mit den Alliierten, am 8. September 1943, erbeuteten die Deutschen ca. 200 Fahrzeuge, von denen sie etwa 110 an kroatische Truppen abgaben. Die italienischen Firmen produzierten bis Ende 1944 weitere 24 AB 41 für die Wehrmacht.

Polizei-Panzerspähwagen AB 40. (Sammlung Ansaldo)

Der AB 41 war der wichtigste italienische Spähwagen und wurde auch von deutschen Streitkräften intensiv genutzt. Dieses Bild zeigt einen 1944 in deutschem Auftrag produzierten AB 41/43. (Zeichnung: Vincent Bourguignon)

Fünf Panzerspähwagen AB 40. (Sammlung Ansaldo)

Hersteller	SPA Ansaldo
Ursprungsbez.	Autoblinda AB 40–AB 41
Besatzung	4
Gefechtsgew.	7400 kg
Länge	5200 mm
Breite	1930 mm
Höhe	2484 mm
Bodenfreiheit	-
Motor	SPA Abm 1, 6-Zyl.-Ottom.
Hubraum	4995 cm^3
Leistung kW/PS	65/88
Leistungsgew.	11,7 PS/t
Höchstgeschw.	78 km/h (Straße), 38 km/h (Gelände)
Kraftstoffvorrat	198 Liter
Fahrbereich	300 km (Straße) (2,54 km/l)
Bewaffnung	1 x 2-cm-Kanone Breda Mod. 1935 (456 Schuss), 2 x 8-mm-MG Breda Mod. 1938 (1992 Schuss).
Schwenkber. / Elevation	360° / -12° +20°
Panzerung	6–18 mm
Kletterfähigkeit	max. 0,3 m
Überschreitfähigkeit	-
Watfähigkeit	max. 1 m
Steigfähigkeit	30%

Zwei Panzerspähwagen AB 41 auf Korsika.

Beobachtungsfahrzeug AB 40. (Sammlung Cetem).

Einige italienische Panzerspähwagen auf dem Balkan, darunter ein AB 41. (Foto: © Bundesarchiv)

Daimler Dingo

Herstellung und taktischer Einsatz

Das britische Kriegsministerium (War Office) erließ im Jahr 1938 eine Spezifikation für einen Panzerspähwagen. Drei britische Firmen, Alvis, BSA Zyklen und Morris, waren eingeladen, ihre Prototypen vorzustellen. Am Ende der Tests, die im Sommer 1938 stattfanden, bekam BSA den Zuschlag. Den Spähwagen baute die Daimler Motor Company, die verantwortlich für die Autoproduktion in der BSA-Gruppe war. Das Fahrzeug wurde später offiziell als »Daimler Scout Car« bezeichnet, bekannt jedoch wurde es unter dem Namen von Alvis: »Dingo«. Der Dingo war einer der besten britischen Kampfwagen. Obwohl nur ein kleiner Zweisitzer-Spähwagen, verfügte er über eine für seine Größe gute Panzerung, die 30 mm an der Vorderseite betrug. Die Bewaffnung bestand aus einem leichten Maschinengewehr Bren. Als Funkgerät besaß der Dingo das Modell N 19. Während des Krieges wurden fünf Varianten des Dingo entwickelt und insgesamt 6625 Exemplare hergestellt, die bis 1952 im Dienst der britischen Armee blieben. Die italienischen Truppen beschlagnahmten in Nordafrika mindestens vier Dingos, die italienischen Firmen als Vorlage für die Entwicklung des Panzerspähwagens Lince dienten.

Hersteller	Daimler
Ursprungsbez.	Daimler Dingo
Besatzung	2
Gefechtsgew.	3000 kg
Länge	3180 mm
Breite	1715 mm
Höhe	1500 mm
Motor	Daimler 2,5 Liter, 6-Zyl.-Ottom.
Hubraum	2300 cm³
Leistung kW/PS	41/55
Leistungsgew.	18,3 PS/t
Höchstgeschw.	89 km/h (Straße)
Kraftstoffvorrat	k. A.
Fahrbereich	320 km (Straße, 2,75 km/l)
Bewaffnung	1 x 0,55 Zoll (13,75 mm) Boys Antitank Rifle oder 1 x 0,303 Zoll (7,6 mm) Zwilling Vikers K MG
Schwenkber. / Elevation	k. A.
Panzerung	max. 30 mm

Daimler Dingo. (Foto: Joost J. Bakker, © CC BY-SA 2.0)

Panzerspähwagen Daimler Dingo.

Lancia Lince

Entwicklung und Herstellung

Das Kriegsministerium beauftragte im Jahre 1942 Lancia, ein Chassis für einen neuen Panzerspähwagen zu entwickeln, auf dem eine gepanzerte Karosserie der Firma Ansaldo montiert werden sollte. Der Spähwagen sollte über Allradantrieb, Einzelradaufhängung und eine hohe Geschwindigkeit verfügen. Die Firma Lancia präsentierte im November 1942 dem Kriegsministerium einen ersten Prototyp, der eine Kopie des britischen Spähwagens »Daimler Scout Car« war. Einige dieser Fahrzeuge setzten italienische Truppen in Libyen ein. Der britische Dingo hatte kugelsichere Räder und eine bessere Panzerung als der Lince. Die italienischen Panzerplatten waren mit Nieten befestigt, die sich in Geschosse verwandeln konnten, wenn sie durch MG-Schüsse getroffen wurden.
Die Räder waren ungeschützt. Die Bewaffnung bestand aus einem 8-mm-Breda-MG mit 2000 Schuss, das im vorderen Teil des Fahrzeugs montiert wurde. Im Heck befand sich ein Achtzylinder-Motor Lancia Astura mit einer Leistung von 60 PS. Die Serienproduktion des Lancia Lince begann nach dem italienischen Waffenstillstand. Bis 1945 wurden etwa 250 Exemplare hergestellt.

Taktischer Einsatz

Diese gepanzerten Fahrzeuge wurden von den Abteilungen der Wehrmacht und der Italienischen Sozialrepublik gegen Partisanen eingesetzt. Nach dem Zweiten Weltkrieg wurden die übrig gebliebenen Exemplare an die Landespolizei, die Karabinieri und das 6. Regiment Lancieri di Aosta verteilt.

Hersteller	Ansaldo-Lancia
Ursprungsbez.	Autoblinda Lince
Besatzung	2
Gefechtsgew.	3140 kg
Länge	3240 mm
Breite	1750 mm
Höhe	1650 mm
Motor	Lancia Astura 91, 8-Zyl.-Ottom.
Hubraum	2617 cm^3
Leistung kW/PS	44/60
Leistungsgew.	19,1 PS/t
Höchstgeschw.	86 km/h (Straße)
Kraftstoffvorrat	k. A.
Fahrbereich	300 km (Straße)
Bewaffnung	1 x 8-mm-MG Breda Modell 1938
Schwenkber. / Elevation	-
Panzerung	max. 14 mm
Kletterfähigkeit	-
Steigfähigkeit	39%

Lancia Lince. (Foto: Causa83, © PD)

Panzerspähwagen Lancia Lince. (Sammlung Ansaldo)

AB 43

Entwicklung und Herstellung

AB 43 hieß die letzte Serie des Panzerspähwagens AB, aber wegen des Waffenstillstands verwendete ihn das italienische Heer nicht mehr. Die deutschen Militärbehörden autorisierten im Herbst 1943 die Serienproduktion des Fahrzeugs unter der Bezeichnung AB PzSpWg 43.203 (i). Die italienische Firma stellte bis 1945 etwa 100 Panzerspähwagen her, welche die Wehrmacht und die Polizei auf dem Balkan und in Italien nicht nur gegen die Partisanen, sondern auch gegen die alliierten Truppen einsetzten.

Nach dem Krieg wurden die fahrtüchtig gebliebenen Fahrzeuge den Dienststellen der Staatspolizei zugewiesen. Der neue Spähwagen behielt das Fahrgestell des AB 41, versehen mit einer Panzerung von einer Dicke zwischen 16 mm und 25 mm. Er erhielt den gleichen Drehturm wie der Panzer M 13/40, der mit einer 4,7-cm-Kanone L/37 bewaffnet war. An der Rückseite des Fahrzeugs wurde ein 8-mm-Breda-Maschinengewehr installiert. Sein Benzinmotor war um 20 Prozent leistungsstärker als der des AB 41, um die Gewichtszunahme aufgrund des Turms zu kompensieren, doch der Fahrbereich reduzierte sich dadurch auf 350 km.

Hersteller	SPA-Ansaldo
Ursprungsbez.	Autoblinda AB 43
Besatzung	4
Gefechtsgew.	7470–8000 kg
Länge	5421 mm
Breite	1920 mm
Höhe	2480 mm
Motor	Fiat, 6-Zyl.-Diesel
Hubraum	k. A.
Leistung kW/PS	79/108
Leistungsgew.	14,4 PS/t
Höchstgeschw.	88–90 km/h (Straße), 37 km/h (Gelände)
Kraftstoffvorrat	ca. 220 Liter
Fahrbereich	350 km (Straße)
Bewaffnung	1 x 4,7-cm-Kanone L 32, 1 x 8-mm-MG Breda Modell 1938
Schwenkber. / Elevation	-
Panzerung	max. 25 mm

Panzerspähwagen AB 43 im Jahr 1943 bei der Fabrik Ansaldo in Genua. (Sammlung Ansaldo)

Panzerspähwagen AB 43. (Foto: Causa83, © PD)

Vespa-Caproni

Das Unternehmen Caproni stellte diesen Prototyp eines leichten Panzerspähwagens her, der im Februar 1942 in einem Testzentrum (Centro Studi dei Motoveicoli) in Rom erprobt wurde. Dieses Fahrzeug ging nicht in Serienproduktion, obwohl es ein sehr innovatives Gefährt war. Die Räder wurden rautenförmig platziert, um den Wendekreis zu verringern. Der Panzerspähwagen wog 3,4 Tonnen und erhielt einen Achtzylinder-Motor (entwickelt von Lancia Astura) mit einer Leistung von 82 PS. Seine Geschwindigkeit betrug 86 km/h und sein Fahrbereich reichte 200 km weit auf der Straße. Die Bewaffnung bestand aus einem 8-mm-Breda-Maschinengewehr Typ 38. Der Prototyp war nur gegen Infanteriewaffen gut geschützt. Die Dicke der Panzerung betrug bis zu 27 mm im vorderen Bereich und 14 mm an den Seiten.

Hersteller	Caproni
Ursprungsbez.	Autoblindo Caproni
Besatzung	2
Gefechtsgew.	3400 kg
Länge	3900 mm
Breite	2000 mm
Höhe	1850 mm
Motor	Lancia Asturia, 8-Zyl.-Ottom.
Hubraum	2617 cm^3
Leistung kW/PS	60/82
Leistungsgew.	14 PS/t
Höchstgeschw.	86 km/h (Straße)
Kraftstoffvorrat	k. A.
Fahrbereich	200 km (Straße)
Bewaffnung	1 x 8-mm-MG Breda Modell 1938
Schwenkber. / Elevation	k. A.
Panzerung	bis zu 27 mm

Prototyp des leichten Panzerspähwagens Caproni. (Sammlung Cetem)

AS 43

Das Heer der Italienischen Sozialrepublik brauchte einen Panzerwagen, der billiger war als die Vorgänger AB 41/43. Die Firma Viberti verwendete den Prototyp ABS 37, der 1941 von dem Unternehmen SPA gebaut worden war, um daraus den Panzerspähwagen AS 43 zu entwickeln. Viberti produzierte im Jahr 1944 mehrere Exemplare, welche die Panzergruppe »Leonessa« der Guardia Nazionale Repubblicana gegen Partisanen einsetzte. Das Fahrgestell war dem des S 37 sehr ähnlich. Die Stärke der Panzerung betrug etwa 8,5 mm und gewährleistete einen guten Schutz gegen Infanteriewaffen. Den einzigen Zugang stellte eine zweiteilige Hecktür auf der Rückseite des Fahrzeugs dar. Der AS 43 verfügte über einen 4-Zylinder-Benzinmotor mit einer Leistung von 67 PS. Die Bewaffnung bestand aus einer 2-cm-Breda und einem 8-cm-MG Breda 1938.

Hersteller	Viberti
Ursprungsbez.	Carrozzeria Speciale AS 43 Viberti
Besatzung	3
Gefechtsgew.	5000 kg
Länge	4700 mm
Breite	2000 mm
Höhe	2542 mm
Motor	SPA tipo 18 VT, 4-Zyl.-Ottom.
Hubraum	2617 cm^3
Leistung kW/PS	52/72
Leistungsgew.	14 PS/t
Höchstgeschw.	68 km/h (Straße)
Kraftstoffvorrat	120 Liter
Fahrbereich	330 km (Straße, 2,75 km/l)
Bewaffnung	1 x 2-cm-Kanone, 1 x 8-mm-MG Breda Modell 1938
Schwenkber. / Elevation	360° / -12° +20°
Panzerung	4–10 mm (nur Chassis)
Panzerung	6–18 mm
Steigfähigkeit	45%

Panzerspähwagen SPA-Viberti AS 43 im Jahr 1943.

Amphibische Spähpanzer T-37A und T-38

Hersteller	Werk Izhorsky	Werk Nr.37 in Moskau
Ursprungsbez.	T-37A	T-38
Besatzung	2	2
Gefechtsgewicht	3200 kg	3300 kg
Länge	3750 mm	3780 mm
Bodenfreiheit	300 mm	300 mm
Breite	2100 mm	2334 mm
Höhe	1820 mm	1630 mm
Bodenfreiheit	-	-
Motor	4-Zylinder-Ottomotor GAZ-AA mit 40 PS	4-Zylinder-Ottomotor GAZ-AA mit 40 PS
Hubraum	k. A.	k. A.
Leistung kW/PS	29/40	29/40
Leistungsgewicht	12,5 PS/t	12,1 PS/t
Höchstgeschwindigkeit	ca. 35 km/h (Straße), 4 km/h (Wasser)	ca. 40 km/h
Kraftstoffvorrat	100 Liter	100 Liter
Fahrbereich	180 km (Straße)	250 km (Straße)
Bewaffnung	1 × 7,62-mm-MG Degtjarjow DT (585 Schuss)	1 × 7,62-mm-MG Degtjarjow DT (1512 Schuss)
Schwenkber./Elevation	360°	360°
Panzerung	Zwischen 4 mm und 9 mm	Zwischen 4 mm und 9 mm
Kletterfähigkeit	500 mm (0,5 m)	500 mm (0,5 m)
Überschreitfähigkeit	1500 mm (1,5 m)	1500 mm (1,5 m)
Watfähigkeit	k. A.	k. A.
Steigfähigkeit	40%	40%

Entwicklung und Herstellung

Die sowjetischen Konstrukteure stützten sich bei der Entwicklung des T-33-Prototyps auf den Prototyp eines leichten Amphibienpanzers, der von der britischen Firma Vickers-Armstrong in den Jahren 1931–1932 entworfen worden war (4,06 m lang, 2,05 m breit und 1,8 m hoch, bewaffnet mit einem 7,7 m langen Vickers-Maschinengewehr). Aus diesem Prototyp entstand der T-37, von dem etwa siebzig Fahrzeuge produziert und von der Roten Armee lange getestet wurden.

Von diesem wiederum leitet sich der T-37A ab, der von 1933 bis 1936 in großen Stückzahlen (etwa 2000 Fahrzeuge) hergestellt wurde. Ebenfalls produziert wurden der Flammpanzer OT-37 und der T-37 RT mit Funkgerät.

In der zweiten Hälfte der 1930er Jahre setzten die Sowjets die Produktion mit einer verbesserten Version – dem T-38 – fort.

Technische Beschreibung

Der T-37 war ein leichter und in seinen Maßen (3,2 t, 3,75 m lang, 2,1 m breit und nur 1,82 m hoch) kleiner Panzer mit einem fast rechteckigen Rumpf. Der Vortrieb im Wasser wurde durch einen einziehbaren Dreiblattpropeller gewährleistet, der im hinteren Teil des Wagens installiert und mit dem 40 PS starken GAZ-Viertaktmotor AA verbunden war. Das Wenden war dank eines Richtungsruders möglich. Das Fahrzeug konnte auch rückwärts navigieren. Die Geschwindigkeit im Wasser lag bei 4 km/h. Der einsitzige Turm, der mit einem 7,5-Maschinengewehr ausgerüstet war, befand sich ganz rechts auf dem Fahrzeug, während der Fahrer links in der Wanne saß. Die Panzerung beschränkte sich auf Metallplatten, die nur zwischen 6 mm und 9 mm dick waren.

Der T-38 hatte eine Verdrängung von 3,3 t mit einem mehr als 2 Meter breiten Rumpf, der einen besseren Auftrieb bot. Der Hauptunterschied zum Vorgänger bestand in der Anordnung des um 360° schwenkbaren Turms. Dieser war mit einem 7,62-mm-Degtjarjow-DT-Maschinengewehr (1500 Patronen, vorher nur 600) ausgerüstet und befand sich nun ganz links statt rechts, wo der Antriebsraum war.

Taktischer Einsatz

Die T-37 wurden Aufklärungsverbänden zugeteilt, die Teil von Infanterie- und mechanisierten Divisionen waren. Gewöhnlich waren sie in Zügen zu je acht Panzern und einem Kommandowagen organisiert.

Im November 1939 fiel die Sowjetunion mit großen Panzerkräften in Finnland ein. Unter diesen befanden sich viele Militärverbände mit T-37A- und T-38-Panzern. Die Beschaffenheit des Geländes und der hartnäckige Widerstand der Finnen behinderten jedoch stark den sowjetischen Vormarsch. Die beiden leichten Amphibienpanzer erlitten in den heftigen Kämpfen schwere Verluste aufgrund ihrer schwachen Panzerung, die selbst von leichten Waffen einfach durchdrungen werden konnte. Außerdem war der Selbstschutz mit nur einem Maschinengewehr sehr beschränkt.

Dennoch blieben diese Fahrzeuge bis 1941/42 an vorderster Front. Danach hat man die übriggebliebenen Panzer für sekundäre Aufgaben eingesetzt. 1944 kam es aber noch einmal zu militärischen Operationen eines ganzen Bataillons dieser Amphibienpanzer gegen die finnische Armee.

Die Achsenmächte eroberten eine große Anzahl an T-37/T-38 auf den Schlachtfeldern, doch Deutschland setzte sie unter der Kennzeichnung 731(r) nur für sekundäre Aufgaben ein.

Drei Bilder des leichten T-37 Amphibienfahrzeugs, das von der finnischen Armee wiederverwendet wurde. (SA-Kuva Fotoarchiv, Bildnummer a_202, 7826, 7849)

Fiat-SPA Autoprotetto S 37

Entwicklung und Herstellung

Die Firma Fiat-SPA verwendete das Chassis der 4 x 4 Artilleriezugmaschine TL 37, um diesen Mannschaftstransportwagen zu entwickeln. Das Fahrzeug wurde mit verbolzten Blechen geschützt, die eine Dicke zwischen 6 und 8 mm aufwiesen, das Dach jedoch war ungeschützt. Der Fiat-SPA war mit dem 65-PS-Ottomotor SPA 18 VT der leichten Panzer L 6/40 ausgerüstet. Er konnte bis zu acht Soldaten transportieren. Als einziger Eingang befand sich eine zweiteilige Tür am Heck des Fahrzeugs. Die Bewaffnung bestand aus einem 8-mm-Breda-Maschinengewehr hinter einem Panzerschild.
Der erste Prototyp dieses Mannschaftstransportwagens wurde den Militärbehörden im Sommer 1941 vorgestellt. Zu Beginn des nächsten Jahres bestellte das italienische Heer 150 Exemplare. Wahrscheinlich wurden nicht alle bestellten Fahrzeuge vor dem Waffenstillstand noch ausgeliefert. Am 30. Mai 1943 befanden sich 102 Einheiten im Dienst. Mindestens ein Fahrzeug wurde mit einem Flammenwerfer ausgerüstet; ein anderer Wagen besaß eine 4,7-cm-L/32-Kanone. Diese Waffe wurde auf den Panzern M 11 und M 13 sowie dem Panzerspähwagen AB 43 installiert. Die Panzerung des MTW wurde erhöht, um den Schutz der Insassen vor Infanteriewaffen zu verbessern.

Taktischer Einsatz

Der Mannschaftstransportwagen kam wegen seiner leichten Panzerung nicht nach Nordafrika, stattdessen fand sein Einsatz vor allem auf dem Balkan statt, wo er an mehreren Unternehmungen gegen Partisanen beteiligt war. Der Fiat-SPA S 37 hatte einen großen Fahrbereich und verfügte dank eines hervorragenden Allradantriebs und dank Allradlenkung über gute Fahreigenschaften. Im September 1943 beschlagnahmten die deutschen Truppen 37 Fahrzeuge, die in »Gepanzerte Mannschaftstransportwagen S 37.250 (i)« umbenannt wurden. Einige Wagen erbeuteten jugoslawische Partisanen in Kroatien.

Hersteller	Fiat SPA
Ursprungsbez.	Autoprotetta S 37
Besatzung	1 + 8 (1 + 10)
Gefechtsgew.	5300 kg (5800 kg)
Länge	4950 mm
Breite	1920 mm
Höhe	2130 mm
Motor	SPA 18VT, 4-Zyl.-Ottom.
Hubraum	4053 cm^3
Leistung kW/PS	51,27/70
Leistungsgew.	12.06 PS/t
Höchstgeschw.	52 km/h (Straße)
Kraftstoffvorrat	k. A.
Fahrbereich	1000 km (600 km)
Bewaffnung	1 x 8-mm-MG Breda Modell 1938
Schwenkber. / Elevation	-
Panzerung	6–8 mm

Fiat-SPA S 37.

Gepanzerter Mannschaftstransportwagen Fiat-SPA S 37. (Sammlung Ansaldo)

Fiat 665 NM protetto

Herstellung und taktischer Einsatz

Das italienische Heer benötigte einen Mannschaftstransportwagen für die Panzerdivisionen, die in Nordafrika operierten. Die Regio Esercito Werke in Turin und Fiat arbeiteten während des Krieges zusammen, um dieses gepanzerte Fahrzeug zu entwickeln. Sie verwendeten den schweren Lastkraftwagen Fiat 665 N. M. (Nafta Militare) mit seinem 100 PS starken 6-Zylinder-Dieselmotor. Auf den Lkw wurden Metallplatten mit einer Dicke zwischen 4 und 7,5 mm montiert; sie boten einen guten Schutz gegen Infanteriewaffen, ließen aber das Dach frei wie beim S 37.

Auf jeder Seite des Fahrzeugs gab es acht Schießscharten und zwei weitere auf der Rückseite. Der mechanische Teil des Lasters wurde nicht verändert. Seine Bewaffnung bestand aus einem 8-mm-Breda-MG. Das Fahrzeug konnte bis zu 21 Soldaten transportieren. Im Jahr 1942 bestellte das Heer 300 Exemplare der Mannschaftstransportwagen Fiat 665 NM, aber nur 110 wurden vor dem italienischen Waffenstillstand hergestellt.

Zwei Infanterie-Divisionen (Re und Murgia) erhielten diese Fahrzeuge und setzten sie gegen jugoslawische Partisanen ein. Als Mannschaftstransportwagen waren sie gut, aber leider zu schwer. Dieser Mangel schränkte ihre Verwendungsmöglichkeiten ein. Mehrere Dutzend dieser Fahrzeuge erbeuteten im September 1943 deutsche Truppen, die sie vor allem gegen Partisanen einsetzten. Auf einigen deutschen MTW wurde ein gepanzertes Dach montiert.

Hersteller	Fiat SPA
Ursprungsbez.	Autocarro 665 NM protetto o scudato
Besatzung	2 + 20
Gefechtsgew.	11.200 kg
Länge	7345 mm
Breite	2670 mm
Höhe	2730 mm
Motor	Fiat Typ 365, 6-Zyl.-Diesel
Hubraum	9365 cm³
Leistung kW/PS	81/110
Leistungsgew.	10 PS/t
Höchstgeschw.	57 km/h (Straße)
Kraftstoffvorrat	225 Liter
Fahrbereich	750 km (Straße)
Bewaffnung	1 x 8-mm-MG Breda Modell 1938
Schwenkber. / Elevation	-
Panzerung	4,5–7,5 mm

Gepanzerter Mannschaftstransportwagen Fiat 665 NM scudato. (Sammlung ACSF)

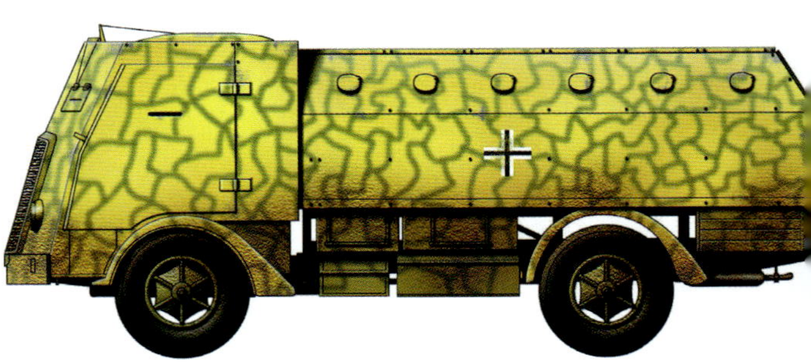

Gep. MTW Fiat 665 (i) wurden vor allem auf dem Balkan und in Italien im Kampf gegen Partisanen eingesetzt. (Zeichnung: Vincent Bourguignon)

SPA Dovunque 35 protetto

Herstellung und taktischer Einsatz

Das italienische Heer zeigte ab 1938 Interesse an einem Mannschaftstransportwagen für die Panzerdivisionen. Das Unternehmen Viberti präsentierte im Jahr 1941 einen Prototyp, der ein modifiziertes Chassis des LKW 6 x 4 SPA Dovunque 35 verwendete. Aufgrund der Mängel dieses Fahrzeugs verlor die Armee allerdings das Interesse. In den folgenden Jahren wurde ein zweiter Prototyp entwickelt, der über ein gepanzertes Dach verfügte, um der Besatzung einen besseren Schutz zu bieten. Der Mannschaftstransportwagen konnte bis zu zwölf Personen transportieren, zwei davon in der Fahrerkabine. 10 mm dicke Panzerplatten schützten das Gefährt. Auf jeder Seite besaß der Wagen vier Schießscharten und zwei weitere an seinem Heck. Die Bewaffnung bestand aus einem 8-mm-Maschinengewehr Breda.

Im November 1944 wurden diese Prototypen von der faschistischen Brigade Ather Capelli beschlagnahmt. Im April 1945 wurden zwei solcher Fahrzeuge von den Partisanen beschlagnahmt. Einer von ihnen wurde von einem Legionär der 29. Waffen-Grenadier-SS-Division mit einer Panzerfaust zerstört.

Hersteller	Viberti-SPA
Ursprungsbez.	SPA Dovunque 35 protetto
Besatzung	2 + 10
Gefechtsgew.	4700 kg
Länge	5300 mm
Breite	2000 mm
Höhe	2500 mm
Motor	18 T, 4-Zyl.-Benzin
Hubraum	4053 cm^3
Leistung kW/PS	40,5/55
Leistungsgew.	10 PS/t
Höchstgeschw.	45 km/h (Straße)
Kraftstoffvorrat	100 Liter
Fahrbereich	285 km (Straße)
Bewaffnung	1 x 8-mm-MG Breda M. 1938 oder Fiat M. 1395
Schwenkber. / Elevation	-
Panzerung	max. 10 mm

Mannschaftstransportwagen Spa Dovunque 35 protetto.

Halbkettenfahrzeuge

Breda 61

Die italienische Industrie war an der Herstellung von Halbkettenfahrzeugen nicht interessiert, aber einige Prototypen wie der Alfa Romeo CSEM 800RE wurden in den 1930er Jahren doch gebaut. Nach dem Ausbruch des Zweiten Weltkrieges forderte Italien von der deutschen Regierung die Lieferung einiger Halbkettenfahrzeuge. Im Jahr 1941 wurde ein Sonder-Kraftfahrzeug 7 (Sd. Kfz 7), das seit 1938 von der Firma Krauss-Maffei hergestellt wurde, in einem Testzentrum (Centro Studi Motoveicoli) in Rom erprobt. Das Unternehmen »Società Italiana Ernesto Breda per Costruzioni Meccaniche« baute im folgenden Jahr ein erstes Muster des Sd. Kfz 7s (Breda 61), das mit dem 6-Zylinder-Benzinmotor Breda T 14-6 ausgerüstet war. Die deutsche Version verfügte über den Motor HL 62 / HL 64 der Firma Maybach.
Dieses Fahrzeug bot Platz für zwölf Personen und konnte zusätzlich noch Munition und Geräte transportieren. Das italienische Heer bestellte 500 Breda 61, aber nur 36 Exemplare wurden vor dem Waffenstillstand Italiens mit den Alliierten geliefert. Inzwischen entwickelte Fiat einen Prototyp des Halbkettenfahrzeugs (Fiat 627), mit deren Herstellung im Jahr 1944 begonnen wurde. Die deutschen Militärbehörden gaben 300 Exemplare des Breda 61 in Auftrag, von denen im Jahr 1944 die Firma Breda 199 Stück auslieferte.

Hersteller	Breda
Ursprungsbez.	Breda 61
Besatzung	12
Gefechtsgew.	11.200 kg
Länge	6850 mm
Breite	2350 mm
Höhe	2620 mm
Motor	Breda T 14-6, 6-Zyl.-Ottom.
Hubraum	6191 cm^3
Leistung kW/PS	95/130
Leistungsgew.	14 PS/t
Höchstgeschw.	50 km/h (Straße)
Kraftstoffvorrat	203 Liter
Fahrbereich	250 km (Straße)
Bewaffnung	-
Schwenkber. / Elevation	-
Panzerung	-

Halbkettenfahrzeug Breda 61.

Halbkettenfahrzeug 727.

SPA Dovunque 35 protetto

Herstellung und taktischer Einsatz

Das italienische Heer zeigte ab 1938 Interesse an einem Mannschaftstransportwagen für die Panzerdivisionen. Das Unternehmen Viberti präsentierte im Jahr 1941 einen Prototyp, der ein modifiziertes Chassis des LKW 6 x 4 SPA Dovunque 35 verwendete. Aufgrund der Mängel dieses Fahrzeugs verlor die Armee allerdings das Interesse. In den folgenden Jahren wurde ein zweiter Prototyp entwickelt, der über ein gepanzertes Dach verfügte, um der Besatzung einen besseren Schutz zu bieten. Der Mannschaftstransportwagen konnte bis zu zwölf Personen transportieren, zwei davon in der Fahrerkabine. 10 mm dicke Panzerplatten schützten das Gefährt. Auf jeder Seite besaß der Wagen vier Schießscharten und zwei weitere an seinem Heck. Die Bewaffnung bestand aus einem 8-mm-Maschinengewehr Breda.

Im November 1944 wurden diese Prototypen von der faschistischen Brigade Ather Capelli beschlagnahmt. Im April 1945 wurden zwei solcher Fahrzeuge von den Partisanen beschlagnahmt. Einer von ihnen wurde von einem Legionär der 29. Waffen-Grenadier-SS-Division mit einer Panzerfaust zerstört.

Hersteller	Viberti-SPA
Ursprungsbez.	SPA Dovunque 35 protetto
Besatzung	2 + 10
Gefechtsgew.	4700 kg
Länge	5300 mm
Breite	2000 mm
Höhe	2500 mm
Motor	18 T, 4-Zyl.-Benzin
Hubraum	4053 cm^3
Leistung kW/PS	40,5/55
Leistungsgew.	10 PS/t
Höchstgeschw.	45 km/h (Straße)
Kraftstoffvorrat	100 Liter
Fahrbereich	285 km (Straße)
Bewaffnung	1 x 8-mm-MG Breda M. 1938 oder Fiat M. 1395
Schwenkber. / Elevation	-
Panzerung	max. 10 mm

Mannschaftstransportwagen Spa Dovunque 35 protetto.

Halbkettenfahrzeuge

Breda 61

Die italienische Industrie war an der Herstellung von Halbkettenfahrzeugen nicht interessiert, aber einige Prototypen wie der Alfa Romeo CSEM 800RE wurden in den 1930er Jahren doch gebaut. Nach dem Ausbruch des Zweiten Weltkrieges forderte Italien von der deutschen Regierung die Lieferung einiger Halbkettenfahrzeuge. Im Jahr 1941 wurde ein Sonder-Kraftfahrzeug 7 (Sd. Kfz 7), das seit 1938 von der Firma Krauss-Maffei hergestellt wurde, in einem Testzentrum (Centro Studi Motoveicoli) in Rom erprobt. Das Unternehmen »Società Italiana Ernesto Breda per Costruzioni Meccaniche« baute im folgenden Jahr ein erstes Muster des Sd. Kfz 7s (Breda 61), das mit dem 6-Zylinder-Benzinmotor Breda T 14-6 ausgerüstet war. Die deutsche Version verfügte über den Motor HL 62 / HL 64 der Firma Maybach.
Dieses Fahrzeug bot Platz für zwölf Personen und konnte zusätzlich noch Munition und Geräte transportieren. Das italienische Heer bestellte 500 Breda 61, aber nur 36 Exemplare wurden vor dem Waffenstillstand Italiens mit den Alliierten geliefert. Inzwischen entwickelte Fiat einen Prototyp des Halbkettenfahrzeugs (Fiat 627), mit deren Herstellung im Jahr 1944 begonnen wurde. Die deutschen Militärbehörden gaben 300 Exemplare des Breda 61 in Auftrag, von denen im Jahr 1944 die Firma Breda 199 Stück auslieferte.

Hersteller	Breda
Ursprungsbez.	Breda 61
Besatzung	12
Gefechtsgew.	11.200 kg
Länge	6850 mm
Breite	2350 mm
Höhe	2620 mm
Motor	Breda T 14-6, 6-Zyl.-Ottom.
Hubraum	6191 cm^3
Leistung kW/PS	95/130
Leistungsgew.	14 PS/t
Höchstgeschw.	50 km/h (Straße)
Kraftstoffvorrat	203 Liter
Fahrbereich	250 km (Straße)
Bewaffnung	-
Schwenkber. / Elevation	-
Panzerung	-

Halbkettenfahrzeug Breda 61.

Halbkettenfahrzeug 727.

Lkw mit Flakgeschütz (Autocannoni)

7,5-cm-Flakkanone L/ 27 C.K. auf Ceirano CMA 50

Entwicklung und Produktion

Das italienische Heer hatte am Ende des Ersten Weltkriegs mehrere Flak-Geschütze im Einsatz, die auf Lastkraftwagen montiert wurden, wie z. B. 102/35 auf SPA-9000 und 75/27 C.K. auf Italien X. Die Waffenschmiede in Neapel rüstete 1915 einige Hunderte 7,5-cm-Feldgeschütze L/27 Modell 1906 zu Flakgeschützen um. Diese neue Version erhielt den Namen 7,5 cm C.K. (Commissione Krupp – Kommission Krupp). Die Arsenale Costruzioni Artiglierie di Napoli (A.C.A.N.) installierte im Jahr 1927 56 7,5-cm-Kanonen C.K. auf die neuen Lkw Ceirano 50 CMA, welche auf 14 Flak-Batterien verteilt wurden. Jeder dieser Lastkraftwagen beherbergte die Flakgeschütze mit einsatzbereiter Munition (96 Granaten) sowie die Geschützbediener.

Jede Batterie bestand aus vier 7,5-cm-Geschützen auf Ceirano CMA 50, einem Befehlsfahrzeug, zwei Munitionstransporter-Lastkraftwagen (mit 816 Granaten), drei Logistik-Lkw und zwei Flak-Maschinengewehren. Das Abfeuern der Kanonen koordinierte die zentrale Feuerleitung Modell 1937 »Gala«.

Hersteller	AREN - Lancia
Ursprungsbez.	75/27 C.K. su Ceirano CMA 50
Besatzung	1 + 7
Gefechtsgewicht	7220 kg
Länge	6010 mm
Breite	2200 mm
Höhe	2700 mm
Motor	Ceirano 50 C, 4-Zylinder-Benzinmotor
Hubraum	4712 cm^3
Leistung kw / PS	38,8/53
Leistungsgewicht	7,34 PS/t
Höchstgeschwindigkeit	25 km/h (Straße)
Kraftstoffvorrat	k. A.
Fahrbereich	235 km (Straße)
Bewaffnung	1 x 7,5 cm Flak-Kanone AREN L/27 (96 Schüsse)
Schwenkber. / Elevation	360° / 0° + 70°

Taktischer Einsatz

In Eritrea wurden im Jahr 1935 vier Batterien stationiert, die sich an der Besetzung Äthiopiens beteiligten. Fünf Batterien nahmen am Spanischen Bürgerkrieg (1936–1939) teil. Etwa 166 7,5-cm-Geschütze waren im Jahr 1940 noch im Dienst, auch wenn sie bereits veraltet waren.

Die Lastwagen Ceirano CMA 50, bewaffnet mit einer 7,5-cm-Kanone L/27.

7,5-cm-Kanone L/27 Modell 1911 auf Fiat SPA-TL 37

Produktion und taktischer Einsatz

Mindestens 20 Fahrgestelle der 4 x 4 Artilleriezugmaschine TL 37 Model »Libia« wurden zwischen 1940 und 1941 in den Werkstätten des italienischen Heeres in Libyen modifiziert, um darauf alte 7,5-cm-Feldkanonen vom Typ L/27 Modell 1911 zu installieren. Der Schwenkbereich der Waffe war auf den vorderen Bereich begrenzt. Dieses Waffensystem wurde gebaut, um den Mangel an Sturmgeschützen zu kompensieren. Im März 1942 wurden die Waffen innerhalb der Batterie der 16. Artilleriegruppe verteilt. Diese Gruppe gehörte zuerst zur »Raggruppamento Celere Africa Settentrionale« und im Oktober 1942 zum 136. Artillerieregiment der Division »Giovanni Fascisti«, die bis Mai 1943 in Tunesien kämpfte.

Hersteller	AREN - Fiat SPA
Ursprungsbez.	Fiat-SPA TL37 75/27 Mod. 1911
Besatzung	1 + 5
Gefechtsgew.	ca. 5000 kg
Länge	4130 mm
Breite	1830 mm
Höhe	2180 mm
Motor	Fiat 18 T 1, 4-Zyl.-Benzin
Hubraum	4053 cm^3
Leistung kW/PS	38/52
Leistungsgew.	10,4 PS/t
Höchstgeschw.	38 km/h (Straße)
Kraftstoffvorrat	k. A.
Fahrbereich	170 km (Straße)
Bewaffnung	1 x 7,5-cm-Flak-Kanone AREN L/27 (96 Schuss)
Schwenkber. / Elevation	ca. 80° / 0° +70°
Panzerung	-

Artilleriezugmaschine Fiat TL 37, bewaffnet mit einer 7,5-cm-Feldkanone.

7,6-cm-Kanone L/30 Modell 1914 auf Lancia RO BM / Fiat 634 N

Produktion und taktischer Einsatz

Vierzehn 7,6-cm-Kanonen L/30 Modell 1914 der italienischen Marine wurden im Jahr 1917 auf die schweren Lastkraftwagen Fiat 18 BLR montiert, die wiederum drei Flak-Batterien zugeteilt wurden. Während des Zweiten Weltkriegs wurden alle Batterien in Nordafrika disloziert. Die Werkstätten in Libyen installierten alle Geschütze zuerst auf die Lastkraftwagen Lancia RO BM und erst im Jahr 1942 auf die Lastwagen Fiat 634 N, die leistungsfähiger als die Lancia RO BM waren. Die 13. und 14. Batterie besaßen jeweils fünf 7,6-cm-Kanonen L/30 auf Lkw, die 16. Batterie dagegen nur vier. Alle Batterien wurden anschließend verschiedenen Divisionen des italienischen Heeres zugewiesen.

Hersteller	Ansaldo – Lancia – Fiat
Ursprungsbez.	Autocannone da 76/30 R.M su Fiat 634 N
Besatzung	1 + 5
Gefechtsgew.	ca. 5000 kg
Länge	4130 mm
Breite	1830 mm
Höhe	2180 mm
Motor	Fiat 18 T 1, 4-Zyl.-Benzin
Hubraum	4053 cm^3
Leistung kW/PS	38/52
Leistungsgew.	10,4 PS/t
Höchstgeschw.	38 km/h (Straße)
Kraftstoffvorrat	k. A.
Fahrbereich	170 km (Straße)
Bewaffnung	1 x 7,6-cm-Kanone Ansaldo L/30
Schwenkber. / Elevation	360° / -5° +75°
Panzerung	-

Eine 7,6-cm-Marinekanone L/30 auf dem Lastwagen Lancia Ro.

9,0-cm-Kanone L/53 auf Lkw Lancia 3 RO und auf Lkw Breda 52

Hersteller	Ansaldo – Breda – Lancia
Ursprungsbez.	Autocannone da 90/53 su Breda 52
Besatzung	1 + 5
Gefechtsgew.	ca. 8500 kg + 8950 kg (Kanone)
Länge	6750 mm
Breite	2500 mm
Höhe	3000 mm
Motor	D 11, 6-Zyl.-Benzin
Hubraum	9653 cm³
Leistung kW/PS	91/125
Leistungsgew.	10,4 PS/t
Höchstgeschw.	60 km/h (Straße)
Kraftstoffvorrat	k. A.
Fahrbereich	800 km (Straße)
Bewaffnung	1 x 9-cm-Kanone Ansaldo L/53
Schwenkber. / Elevation	360° / -2° +85°
Panzerung	-

Herstellung und Produktion

Das italienische Heer benötigte ein mobiles Waffensystem, um einen angemessenen Schutz für die motorisierten Kolonnen gewährleisten zu können. Die Firma Ansaldo entwickelte und produzierte das 9,0-cm-Flak-Geschütz L/53, das auch eine ausgezeichnete Panzerabwehrwaffe war. Ansaldo schlug vor, die 9-cm-Kanone auf einen Lastwagen von Alfa Romeo zu installieren, aber das italienische Heer bevorzugte den robusten Laster Lancia 3 RO, der ab 1939 eingeführt wurde. Die Firma stellte im Februar 1941 einen Prototyp vor, der einen 5-Zylinder-Dieselmotor mit 93 PS besaß. Inzwischen wurde eine verbesserte Version des Lastwagens Breda 51 entwickelt, auf den die gleiche Waffe befestigt wurde. Dieser zweite Prototyp wurde den Militärbehörden im März 1941 präsentiert. Der Laster wog mit montiertem Geschütz 11,5 Tonnen und erreichte eine Höchstgeschwindigkeit von 30 km/h.

Das italienische Heer entschied sich im Jahr 1941 für beide Waffensysteme. Die Firma Ansaldo installierte zwischen 1941 und 1943 120 Kanonen auf die Lastwagen Lancia 3 RO und Breda 52, welche auf zwölf Artilleriegruppen und einige Batterien verteilt wurden. Das Geschützfeuer lenkte die zentrale Feuerleitung Borletti-Galileo-San Giorgio. Die Flak-Batterien erhielten ab 1942 das deutsche Funkmessgerät FuMG 39 Würzburg, das in erster Linie als Entfernungsmesser diente. Diese Waffensysteme wurden in Nordafrika und in Sizilien eingesetzt. Das Heer bestellte im Juli 1943 weitere 96 Geschütze für den Breda 52, aber der italienische Waffenstillstand mit den Alliierten kam der Herstellung zuvor.

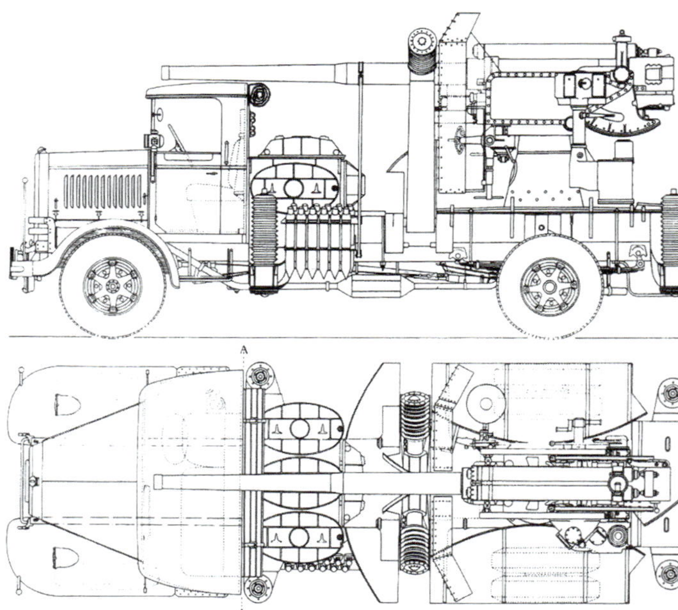

Lancia 3 RO.

Der Lastwagen Breda 52, bewaffnet mit einer 9-cm-Flakkanone L/53. (Sammlung Ansaldo)

Der Lastwagen 3 RO, ausgerüstet mit einer 9-cm-Flakkanone L/53. (Sammlung Ansaldo)

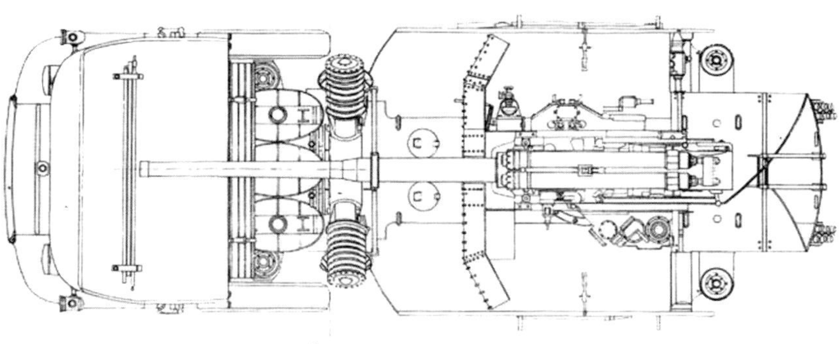

Breda 52.

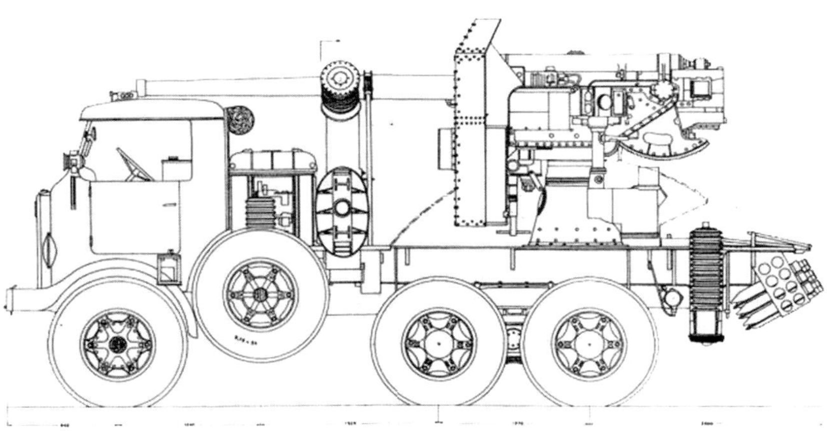

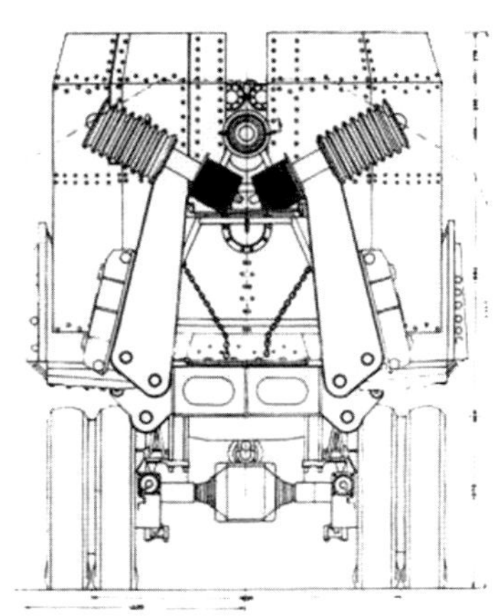

9,0-cm-Kanone L/53 auf Lkw Lancia 3 RO und auf Lkw Breda 52

10-cm-Skoda-Haubitze auf Lkw Lancia 3 RO

Herstellung und taktischer Einsatz

Die Werkstätten des italienischen Heeres in Libyen (12. Autoraggruppamento) installierten im Herbst 1941 zwanzig alte 10-cm-Skoda-Kanonen L/17 auf die schweren Lastkraftwagen Lancia 3 RO. Dieses Waffensystem konnte um 360 Grad geschwenkt werden, weil das Dach der Kabine entfernt war. Der Laster beherbergte das Geschütz, etwa 100 Geschosse und außerdem bis zu sechs Soldaten. Er erreichte eine Höchstgeschwindigkeit von 15 km/h im Gelände und 40 km/h auf der Straße. Zwischen 1941 und 1942 wurde eine neue panzerbrechende Munition entwickelt. Einige Fahrzeuge erhielten im Jahre 1942 jeweils ein 8-mm-Maschinengewehr für die Flugabwehr. Die veraltete Skoda-Kanone hatte eine Reichweite von 10 km und zerstörte verschiedene gepanzerte Fahrzeuge der Alliierten während des Kriegs.

Hersteller	LKW: Lancia; Haubitze: Skoda
Ursprungsbez.	Autocannone da 100/17 su Lancia 3 RO
Besatzung	2 + 6
Gefechtsgew.	ca. 9000 kg
Länge	7250 mm
Breite	2350 mm
Höhe	3000 mm
Motor	5-Zyl.-Diesel
Hubraum	6875 cm^3
Leistung kW/PS	70/96
Leistungsgew.	10,5 PS/t
Höchstgeschw.	40–45 km/h (Straße), 15 km/h (Gelände)
Kraftstoffvorrat	135 Liter
Fahrbereich	450 km (Straße: 3,3 km/l)
Bewaffnung	1 x 10-cm-Haubitze Skoda L/17 Modell 1914, 1 x 8-mm-Flak-MG. (ab 1942)
Schwenkber. / Elevation	360° / -8° +48°
Panzerung	-

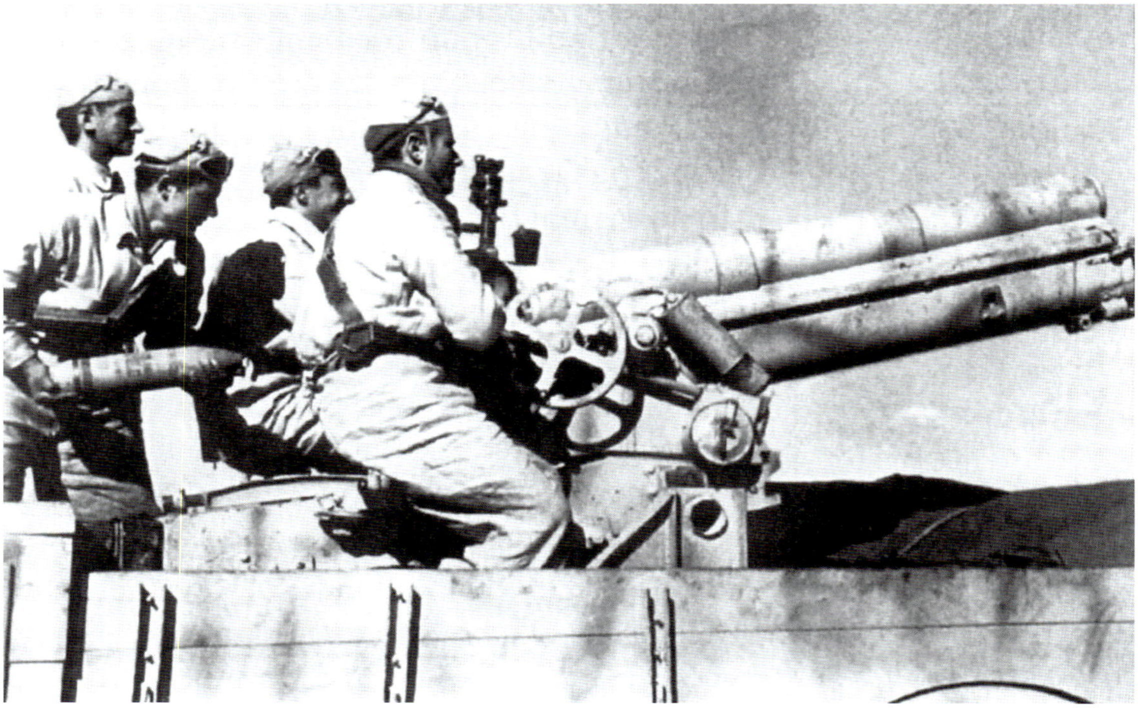

Eine 10-cm-Haubitze auf LKW Lancia 3 RO während des Zweiten Weltkriegs.

Der Lastwagen 3 RO, ausgerüstet mit einer 9-cm-Flakkanone L/53. (Sammlung Ansaldo)

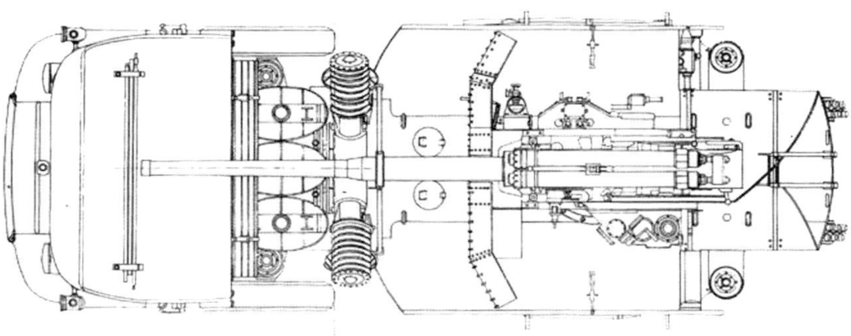

Breda 52.

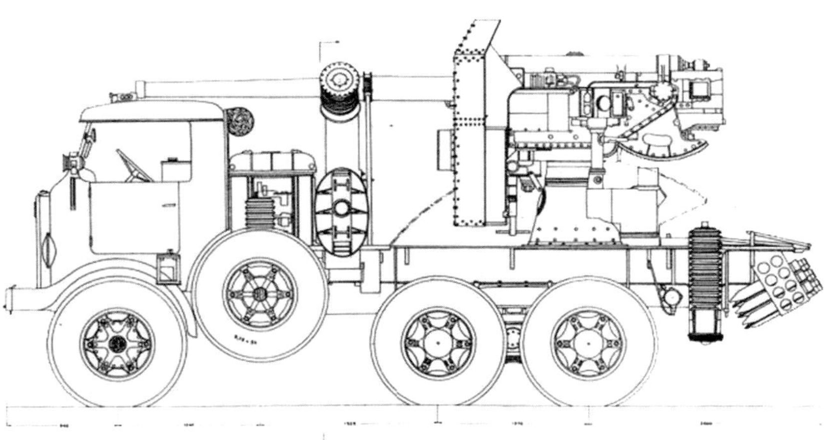

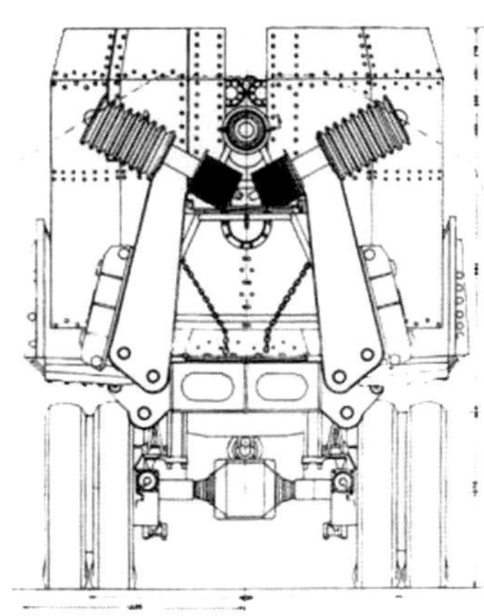

10-cm-Skoda-Haubitze auf Lkw Lancia 3 RO

Herstellung und taktischer Einsatz

Die Werkstätten des italienischen Heeres in Libyen (12. Autoraggruppamento) installierten im Herbst 1941 zwanzig alte 10-cm-Skoda-Kanonen L/17 auf die schweren Lastkraftwagen Lancia 3 RO. Dieses Waffensystem konnte um 360 Grad geschwenkt werden, weil das Dach der Kabine entfernt war. Der Laster beherbergte das Geschütz, etwa 100 Geschosse und außerdem bis zu sechs Soldaten. Er erreichte eine Höchstgeschwindigkeit von 15 km/h im Gelände und 40 km/h auf der Straße. Zwischen 1941 und 1942 wurde eine neue panzerbrechende Munition entwickelt. Einige Fahrzeuge erhielten im Jahre 1942 jeweils ein 8-mm-Maschinengewehr für die Flugabwehr. Die veraltete Skoda-Kanone hatte eine Reichweite von 10 km und zerstörte verschiedene gepanzerte Fahrzeuge der Alliierten während des Kriegs.

Hersteller	LKW: Lancia; Haubitze: Skoda
Ursprungsbez.	Autocannone da 100/17 su Lancia 3 RO
Besatzung	2 + 6
Gefechtsgew.	ca. 9000 kg
Länge	7250 mm
Breite	2350 mm
Höhe	3000 mm
Motor	5-Zyl.-Diesel
Hubraum	6875 cm^3
Leistung kW/PS	70/96
Leistungsgew.	10,5 PS/t
Höchstgeschw.	40–45 km/h (Straße), 15 km/h (Gelände)
Kraftstoffvorrat	135 Liter
Fahrbereich	450 km (Straße: 3,3 km/l)
Bewaffnung	1 x 10-cm-Haubitze Skoda L/17 Modell 1914, 1 x 8-mm-Flak-MG. (ab 1942)
Schwenkber. / Elevation	360° / -8° +48°
Panzerung	-

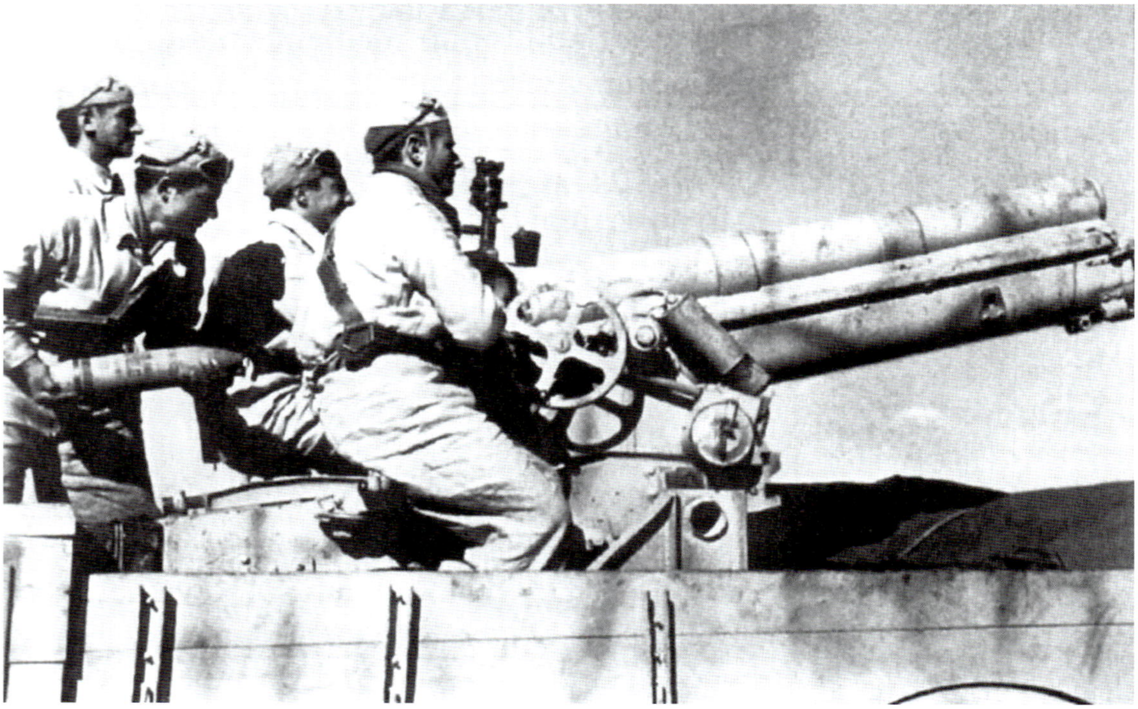

Eine 10-cm-Haubitze auf LKW Lancia 3 RO während des Zweiten Weltkriegs.

10,2-cm-Kanone auf Lkw Fiat 634

Herstellung und taktischer Einsatz

Das 10,2-cm-Schiffsgeschütz L/35 auf dem Lastwagen SPA 9000 war eines der besten italienischen Waffensysteme während des Ersten Weltkriegs. Die Firma Ansaldo schlug im Jahr 1915 dem italienischen Heer die Installation der 20 Kanonen auf SPA-9000-Lkw vor, weil dieser Lastkraftwagen gute Fahreigenschaften besaß. Zusammen mit der Kanone wog er über 6900 kg. Seine Fahrgeschwindigkeit erreichte 20 km/h.

Das Kriegsministerium bestellte insgesamt 136 Waffensysteme, um damit 30 Batterien zu bewaffnen, die ab 1916 an vielen Schlachten entlang der italienischen Front teilnahmen. Nach dem Krieg wurden die Kanonen der italienischen Marine zurückgegeben.

Im Jahre 1941 installierte die Fiat-Werkstätte in Tripolis sieben 10,2-cm-Kanonen L/35 auf Lastwagen des Typs Fiat 634. Mit diesen Waffen wurden zwei Batterien versorgt. In den letzten Monaten des Jahres 1941 waren die Batterien in viele Kämpfe in Nordafrika verwickelt, wo alle Waffensysteme verloren gingen. Am 19. November 1941 zerstörten diese Waffen etwa zehn britische Panzer während der Schlacht von Bir el Gobi.

Hersteller	LKW: Fiat; Kanone: Ansaldo
Ursprungsbez.	Autocannone da 102/35 su Fiat 634
Besatzung	2 + 6
Gefechtsgew.	ca. 7600 kg
Länge	6200 mm
Breite	2300 mm
Höhe	3250 mm
Motor	Fiat 355C, 6-Zyl.-Diesel
Hubraum	8355 cm³
Leistung kW/PS	58,6/80
Leistungsgew.	10,5 PS/t
Höchstgeschw.	41 km/h (Straße)
Kraftstoffvorrat	-
Fahrbereich	420 km (Straße)
Bewaffnung	1 x 10,2-cm-Kanone Ansaldo L/35
Schwenkber. / Elevation	360° / 0° +20°
Panzerung	-

Eine 10,2-cm-Kanone Ansaldo L/35 auf dem Lastkraftwagen Fiat 634.

Flugabwehrpanzer

40M NIMRÓD und ITPSV 40

Entwicklung und Produktion

Im März 1937 bestellten die Ungarn bei der schwedischen Firma Landswerk AB ein Exemplar des Flakpanzers LVKV 40 ANTI I (ausgestattet mit einer 4-cm-Kanone Bofors L/62), das im Dezember 1938 geliefert wurde, jedoch ohne Bewaffnung. Im Februar 1939 wurde das Fahrzeug mit einer 4-cm-Kanone Bofors L/60 aufgerüstet, die in einem verlängerten Turm installiert war. Die 40M Nimród hatte fünf Besatzungsmitglieder, eines mehr als das schwedische Modell.
Die Firma MÁVÁG hatte mit der Lizenzfertigung der gezogenen Version dieser Waffe (36/M) für die ungarische und chinesische Armee begonnen. Diese Flak (Feuerrate: 120 Schuss pro Minute) konnte sowohl Bofors-Munition als auch später ein ungarisches Panzerabwehrgeschoss sowie die 42M »Kerngranate« abfeuern.
Die ersten Erprobungen des neuen Fahrzeugs begannen Ende März 1939 und dauerten mehrere Monate. Nach einigen Modifikationen, die in Ungarn vorgenommen wurden, hat man es unter dem Namen *40M Nimród* (*Pancegepagyu*) zugelassen. 1940 erhielt die MÁVÁG den ersten Produktionsauftrag über 46 Fahrzeuge. Die Serienherstellung begann im Oktober 1940, im November 1941 wurde das erste Exemplar fertiggestellt. Weitere 35 Flugabwehrpanzer wurden zwischen Februar und März 1942 ausgeliefert.
Das 51. Panzerjagdbataillon der 1. Panzerdivision erhielt 18 Fahrzeuge, um drei Batterien mit je sechs Fahrzeugen aufstellen zu können. Das 52. Panzerbataillon der 2. Panzerdivision, das sich derzeit im Aufbau befand, erhielt ebenfalls eine ähnliche Anzahl. Die restlichen Fahrzeuge der ersten Baureihe wurden gegen Ende des Jahres in Dienst genommen.
Finnland kaufte mindestens sechs LVKV 40 Anti I von der schwedischen Firma. Die Lieferung erfolgte im Frühjahr 1942, anschließend nannte die finnische Armee die Fahrzeuge in ITPSV 40 um.
Die MÁVÁG erhielt einen zweiten Auftrag über 89 weitere Flugabwehrpanzer, von denen 77 im Laufe des Jahres 1943 und die restlichen 12 im folgenden Jahr geliefert wurden.

Technik

M40 Nimród ähnelte in seiner Bauweise sehr dem leichten Panzerkampfwagen Toldi (z.B. hinsichtlich Panzerung, Aufhängung, Motor und Getriebe). Eine Ausnahme bildete der Turm. Dieser wurde durch einen seitlich besser gepanzerten, oben offenen Turm ersetzt, in dem die schwedische 4-cm-Flugabwehrkanone installiert wurde. Diese Konstruktion garantierte einen größeren Höhenricht- und Schwenkbereich sowie einen guten Schutz vor Kleinwaffenfeuer.
Die Besatzung bestand aus dem Kommandanten, dem Fahrer sowie zwei Ladeschützen und zwei Richtschützen im Turminneren. Der Nimród hatte fünf Tragrollen und drei Laufrollen. Nur die Befehlsfahrzeuge der Batterie waren mit einem Sende-Empfänger-Funksystem ausgestattet.

Taktischer Einsatz

Auf Wunsch Deutschlands setzten die Ungarn ab dem späten Frühjahr 1942 ihre 2. Armee, bestehend aus neun leichten Infanteriedivisionen (mit je zwei Infanterieregimentern) und der 1. gepanzerten Division, an der Donfront ein. Das 51. Panzerjägerbataillon nahm an diesen Militäroperationen ebenfalls teil. Nach der schweren Niederlage bei Stalingrad kehrten nur drei dieser Fahrzeuge zusammen mit den überlebenden Truppen der 2. Armee nach Ungarn zurück. In dieser Phase des Krieges erwiesen sich die Nimród als ungeeignet in ihrer Rolle als Panzerjäger, weil sie mit ihrer 4-cm-Kanone keine russischen schweren Panzer vom Schlage eines T-34 oder KV-1 zerstören konnten. Später wurden die Nimród zur Flugabwehr oder gegen leichte gepanzerte Fahrzeuge eingesetzt. Sie blieben weiterhin im Dienst bei der 1. und 2. gepanzerten Division sowie der 1. Kavalleriedivision.
Die 2. Division operierte im Frühjahr 1944 in Ostgalizien, wo sie 21 ihrer 37 Fahrzeuge verlor. Im Juni 1944 befand sich die 1. Division in Polen mit einem Zug von Nimródpanzern. Hier gingen alle Fahrzeuge verloren. Ab September 1944 beteiligten sich die beiden ungarischen Panzerdivisionen an der Verteidigung des ungarischen Staatsgebietes gegen die Offensive der sowjetischen und rumänischen Verbände.
Nimród-Flugabwehrpanzer wurden bis 1945 eingesetzt und waren in ihrer Funktion als Flugabwehr recht zuverlässig. Ein Exemplar befindet sich im Museum für Militärgeschichte in der Budapester Burg.

Ein ungarischer Flakpanzer 40M Nimród, getarnt mit Baumasten. (Sammlung Péter Mujzer)

Hersteller	MÁVÁG	Landsverk AB
Ursprungsbez.	40M Nimród	ITPSV 40
Besatzung	6	5
Gefechtsgew.	etwa 10.500 kg (oder 10,5 t)	etwa 10.700 kg (oder 10,7 t)
Länge	5320 mm	5320 mm
Breite	2310 mm	2300 mm
Höhe	2860 mm	2300 mm
Bodenfreiheit	350 mm	-
Motor	Büssing-NAG L8V/36 TR, 8-Zyl.-Benzin, von 155 PS bis 2750 U/min.	1 × Ottomotor V/36 T Scania 1664 cc 106 kW (144 PS)
Hubraum	7913 cm^3	-
Leistungsgew.	14,76 PS/t	14,8 PS/t
Höchstgeschw. auf der Straße	46 km/h (Straße)	Etwa 40 km/h
Kletterfähigkeit	600 mm (0,6 m)	k. A.
Grabenüberschreitfähigkeit	2400 mm (2,4 m)	k. A.
Watfähigkeit	700 mm (0,7 m)	k. A.
Steigfähigkeit	40 %	k. A.
Fahrbereich	220 km (mit 253 Liter)	220 km (mit ca. 250 Liter)
Bewaffnung	1 x 4-cm-Flak-Kanone 36/M (140 Schuss)	1 x 4-cm-Bofors Itk K/62 (160 Schuss)
Schwenkber./ Elevation	360° / -5° +90°	360° / -5° +90°
Panzerung	6–13 mm Panzerstahl	6–13 mm Panzerstahl

Ein finnischer Flakpanzer ITPSV 40 auf dem Vormarsch. (SA-Kuva Fotoarchiv, Bildnummer 151589)

WEITERE INTERESSANTE BÜCHER ZUM THEMA

Sorgfältig recherchiert und verständlich geschrieben, porträtiert Werner Oswald in dieser Spezialausgabe die wichtigsten Fahrzeugtypen der Wehrmacht bis 1945 - mit exklusiven Bildern und Zeichnungen.

176 Seiten, 220 Bilder, Format 230 x 265 mm
ISBN 978-3-613-04216-2
€ 19,95 / € (A) 20,60

Selten hat ein Panzerfahrzeuge die Gemüter von Fachleuten und Laien so erregt, wie der »Tiger« der Deutschen Wehrmacht. In diesem Band werden die verschiedenen »Tiger«-Ausführungen umfassenden vorgestellt.

216 Seiten, 589 Bilder, Format 230 x 265 mm
ISBN 978-3-613-04383-1
€ 24,90 / € (A) 25,60

Die schweren Jagdpanzer waren wirkungsvolle Waffen und in der Lage, Gegner aus größter Entfernung auszuschalten. Dieser Band dokumentiert sämtliche Entwicklungen der rollenden Festungen mit Hilfe aussagestarker Fotos.

204 Seiten, 267 Bilder, Format 230 x 305 mm
ISBN 978-3-613-04382-4
€ 24,90 / € (A) 25,60

Alles Wissenswerte über Entstehung, Entwicklung, Technik, Bewaffnung und den Verbleib des Jagdpanzers »Ferdinand« - mit bisher unveröffentlichten technischen Zeichnungen.

208 Seiten, 300 Bilder, Format 230 x 265 mm
ISBN 978-3-613-04273-5
€ 34,90 / € (A) 35,90

Stand November 2020
Änderungen in Preis und Lieferfähigkeit vorbehalten.

Überall, wo es Bücher gibt, oder
WWW.MOTORBUCH-VERSAND.DE
Service-Hotline: 0711 / 78 99 21 51

Motor buch Verlag